LES IMPACTS DE L'EXPLOITATION DU GAZ ET DU PETROLE SUR LES PEUPLES AUTOCHTONES DE L'ARCTIQUE

5-7, rue de l'Ecole polytechnique, 75005 Paris

http://www.librairieharmattan.com
diffusion.harmattan@wanadoo.fr
harmattan1@wanadoo.fr

ISBN : 978-2-296-05564-3
EAN : 9782296055643

Groupe International de Travail pour les Peuples
Autochtones (GITPA)

LES IMPACTS DE L'EXPLOITATION DU GAZ ET DU PETROLE SUR LES PEUPLES AUTOCHTONES DE L'ARCTIQUE

L'Harmattan

Les impacts de l'exploitation du gaz et du pétrole sur les peuples autochtones de l'Arctique est la traduction du N°2-3/06 de « *Indigenous Affairs* », la revue de **IWGIA** (*International Work Group for Indigenous Affairs* – Groupe International de Travail pour les Questions Autochtones).

Responsable de la publication :
Patrick Kulesza
Responsable des traductions :
Simone Dreyfus-Gamelon
Traduction par chapitre voir note en première page de chaque chapitre
Révision :
Irène Bellier, Joëlle Chassin, Marcelle Chassin
Maquette :
Louise Traon

GITPA
Groupe International de Travail pour les Peuples Autochtones
Rédaction et achat :
3, rue de la Châtaigneraie
92310 Sèvres
tel : 01 45 07 99 65 / 06 78 28 21 55
Fax : 01 46 26 81 73
Courriel : gitpa.iwgiafrance@wanadoo.fr
Site Internet : www.gitpa.org

GITPA
IWGIA
FRANCE

Sommaire

Éditorial*

Mark Nuttall et Kathrin Wessendorf

En raison de la richesse des ressources naturelles du Grand Nord circumpolaire, les industries et les gouvernements, le marché international et la demande croissante d'énergie dans le monde ont un impact considérable sur les peuples autochtones de l'Arctique. Ceux-ci sont l'objet de pressions croissantes pour signer des projets de développement, pour entrer en communication et en négociations avec les industries et les gouvernements et pour s'adapter aux changements que font subir à leur environnement les activités en expansion des opérations d'extraction. Il en résulte pour certains autochtones un sentiment de perte de contrôle sur leurs territoires et sur leurs modes vie. En outre, la perspective du changement climatique, en rendant plus accessible la région arctique, stimule l'enthousiasme des industriels et des gouvernements pour en poursuivre le développement. Les autochtones sont abandonnés à leurs réflexions, leurs anxiétés et leurs préoccupations à propos des problèmes et des défis que cela induit, bien que le sujet soit discuté au niveau du Conseil arctique sous forme, notamment, de l'évaluation des activités pétrolières et gazières entreprises par le *Programme d'évaluation et de pilotage de l'Arctique / Arctic Monitoring and Assessment Programme (AMAP,* www.amap.no*),* un des groupes de travail du Conseil.

Les activités gazières et pétrolières dans l'Arctique sont d'une importance cruciale pour les autochtones et ont des conséquences positives et négatives. Elles ont des effets directs sur l'environnement et cumulatifs sur la faune sauvage, les économies, les sociétés et le bien-être des populations locales; elles imposent des changements au travail et aux modèles familiaux et résidentiels qui se traduisent par une fragmentation de l'habitat, un travail migrant et l'accroissement de la présence de personnes extérieures à la région dans les zones éloignées.

* Article traduit de l'anglais par Simone Dreyfus Gamelon.

Intérêts mondiaux

Les régions arctiques et subarctiques sont considérées comme constituant la dernière frontière des sources énergétiques du monde. Une étude récente de *l'Enquête géologique des Etats-unis / United States Geological Survey (USGS)* suggère que 25% des réserves pétrolières mondiales non exploitées se trouvent dans le nord circumpolaire (Hargreaves 2006). Les changements techniques et ceux du marché de l'énergie ont conduit, dans les trente dernières années, à une expansion rapide de l'exploitation et de la production du pétrole et du gaz dans cette région. Jusqu'à présent, la plupart de ces activités se déroulaient sur la côte, le long du versant nord de l'Alaska et en Sibérie occidentale et au large (*off shore*), dans les mers de Barents et de Beaufort. Cependant le versant nord de l'Alaska, le delta du Mackenzie au Canada, la péninsule de Yamal en Russie et les zones *off shore* adjacentes possèdent d'énormes gisements de gaz naturel qui seront exploités dans la prochaine décennie. En outre, l'exploration pétrolière continue à l'ouest du Groenland.

En raison du changement climatique qui provoque une diminution des glaces et la réduction des coûts de transport, l'exploration et la production continueront dans toute la région arctique, ouvrant de nouvelles routes maritimes et fluviales. Les changements sur les questions de souveraineté et de sécurité et les besoins en ressources et en énergie ont une forte influence sur les modèles et l’ampleur de l'extraction aux très hautes latitudes. Par exemple, le développement de la production de pétrole et de gaz au nord de l'Alaska et au nord du Canada devra répondre aux besoins étatsuniens mais tenir compte aussi des questions de sécurité intérieure. Ainsi que le montrent les investissements croissants de la Chine et de la Corée du sud dans l'industrie pétrolière en Alberta, beaucoup d'autres pays regardent vers le nord Canada pour satisfaire leurs besoins énergétiques. Les pays européens sont de plus en plus dépendants des fournitures russes et leurs politiques, leurs stratégies économiques et leurs relations internationales en subissent l'influence. De plus, les compagnies russes espèrent couvrir de 10 à 15 % de la consommation de pétrole brut des Etats-Unis en 2010.

Impacts et conséquences cumulatives

Dans la seconde moitié du XXe siècle, le développement de la production pétrolière et la militarisation de l'Arctique ont provoqué des perturbations sur le terrain (construction de routes, d'oléoducs, d'aérodromes, de ports) et une fragmentation de l'habitat. Entre 1900 et 1950 les infrastructures accompagnant le développement occupaient moins de 5% des territoires. Il est prévu qu'en 2050 elles occuperont de 50 à 80 % de l'Arctique; mais il se peut qu'en Finno-Scandinavie, et dans certaines régions de Russie, ce niveau soit atteint dès 2020.

Dans tout l'Arctique, les ressources locales sont traditionnellement utilisées pour la chasse, l'élevage de rennes, la pêche et la cueillette, activités d'importance cruciale pour les économies et les cultures autochtones. Les transformations de l'environnement et leurs conséquences pour les hommes se sont aggravées dans les dernières décennies. L'impact destructeur de l'industrie, les changements significatifs du climat deviennent évidents. En Russie, les industries pétrolières et gazières sont les plus grandes causes de pollution affectant les pâturages de rennes, les sources d'eau douce et le milieu marin.

Bien que ces menaces sur l'environnement soient d'abord locales et/ou régionales plutôt que touchant l'ensemble circumpolaire, d'importantes exceptions concernent certaines espèces d'animaux migrateurs, si ceux-ci se rassemblent dans des zones relativement petites mais touchées par de fortes perturbations (des fuites de pétrole, par exemple). Dans ce cas, les populations en subissent des effets dévastateurs. Les exploitations côtières entraînent la construction d'oléoducs et de gazoducs et des activités qui barrent l'accès aux terrains de chasse et aux pâturages, ruinant les activités des communautés et les pratiques traditionnelles, créant des obstacles aux mouvements des troupeaux et à la cueillette. Les installations, les constructions de routes et de conduits, la destruction de la végétation, le trafic routier, intensément développés dans la péninsule Yamal, en Sibérie occidentale, couvrent plus de 2 500 km^2 et risquent de doubler de superficie selon les projets actuels. La concentration des troupeaux de rennes dans des zones non encore soumises à cette exploitation, mais de plus en plus réduites, conduit à une sur-utilisation des pâturages et aura potentiellement, à long terme, des effets nuisibles sur la productivité de l'écosystème et les économies locales. La construction des conduits entraîne celle de routes, rompt l'isolement de certaines régions et les ouvre à d'autres exploitations de leurs ressources.

Les animaux marins sont aussi affectés. Le bruit de l'exploitation *off shore* dans la mer de Beaufort perturbe les baleines à bosse et risque de les détourner de leurs routes migratoires, les rendant moins accessibles aux chasseurs et les rapprochant à 20 km des navires sismographiques. Les fuites des pétroliers ou des plates-formes créent des dommages écologiques, particulièrement dans les eaux gelées, celles des champs pétroliers situés en amont des fleuves comme l'Ob, le Pechora, le Mackenzie peuvent contaminer les eaux de l'océan Arctique.

Le travail migrant accompagne l'exploitation pétrolière et gazière. Les chercheurs en sciences sociales l'ont beaucoup étudié en Ecosse, en Norvège et à Terre Neuve mais beaucoup moins, ou pas du tout, dans l'Arctique. En général les travailleurs migrants viennent dans des zones qui n'ont pas de main-d'oeuvre autochtone, ce qui rend nécessaire l'importation temporaire et permanente d'étrangers. Dans certains cas, la population triple avec l'arrivée d'immigrés venant du sud. De nombreux ouvriers demeurent, même après la fin des travaux ce qui provoque, à long terme, des changements sociaux, politiques et économiques dans les communautés locales.

Ce numéro thématique de *Questions autochtones* veut aller au-delà des simplifications sur les effets positifs ou négatifs de l'exploitation pétrolière et gazière. Étudiant les situations auxquelles sont confrontées les populations autochtones, les articles réunis ici cherchent aussi mettre en lumière leurs perspectives et leurs préoccupations. Les auteurs explorent les processus de prises de décisions, les suites données aux évaluations des impacts sociaux et environnementaux des constructions d'oléoducs à travers la Russie, l'Alaska, le territoire canadien du Yukon et les territoires du nord-ouest. Ils examinent les droits des autochtones à préserver leurs moyens d'existence face à l'exploitation du pétrole dans le nord de l'Alberta et les dispositions politiques et sociales que cette exploitation engendre au Groenland. Ils mettent en lumière la diversité, à travers l'Arctique, du sens et des définitions de ce qu'on entend par développement durable ainsi que les formes multidimensionnelles de l'interaction et du dialogue entre les gouvernements, l'industrie, les communautés locales et les autres intéressés.

Marc Nuttall expose les termes du débat persistant sur le développement potentiel de l'exploitation du pétrole dans la *Réserve nationale de vie sauvage en Alaska / Arctic National Wildlife Refuge* (ANWR), montrant combien les autochtones sont divisés sur la question. D'une part, les communautés autochtones peuvent, sous forme d'amélioration des infrastructures publiques, des services d'éducation et de santé, de l'augmentation des offres d'emploi et des investissements, tirer des bénéfices économiques du développement industriel, mais d'autre part il existe de réelles menaces de dommages irréversibles à l'environnement et à la vie sauvage qui posent la question de la survie de certaines de leurs communautés.

L'Alaska et le nord-ouest canadien font face au projet de construction du *Gazoduc de l'Alaska / Alaska Highway natural Gas Pipeline* (AHGP) qui ira du nord de l'Alaska aux marchés des Etats-Unis. David Roddick donne une vue générale de la situation des Athabascan dont le territoire traditionnel du Yukon méridional serait traversé. Il examine les conséquences économiques de l'AHGP ainsi que le cadre réglementant sa construction. Il montre que les positions des Athabascan sur l'exploitation des hydrocarbures s'inscrivent dans le contexte des projets de développement à grande échelle prévus pour le Yukon.

Dans son second article, Marc Nuttall examine le projet gazier du Mackenzie et ses implications possibles pour les autochtones des Territoires du nord-ouest et du nord de l'Alberta. Ce projet développerait l'extraction du gaz naturel, transporté par gazoduc depuis le delta du Mackenzie, le long de la vallée du Mackenzie, jusqu'aux marchés du Canada et des Etats-Unis; il développerait aussi l'industrie pétrolière dans le nord de l'Alberta. L'article considère quelques-unes des questions-clés de ce projet et apporte des éclaircissements sur les perspectives controversées du projet sur les populations et l'environnement au nord du Canada.

Le quatrième article concerne, toujours au Canada, les opérations massives effectuées sur les sables pétrolifères du nord subarctique de l'Alberta. Clint Westman en étudie les conséquences sur les autochtones et la politique environnementale qui les évalue. Il montre que l'exploitation de cette ressource et le développement de l'industrie se font au détriment des droits autochtones. Leur défense doit se faire, à partir de cette évaluation des conséquences sociales, par l'établissement urgent d'une politique publique de protection de leurs terres.

Se déplaçant vers l'est de l'Arctique nord américain, Rasmus Ole Rasmussen nous donne une analyse précise des opinions politiques, économiques et sociales groenlandaises sur l'exploration et l'exploitation pétrolières. Il examine la position de la législation qui gouverne le territoire (*Home Rule*) sur la question de l'industrie pétrolière (découverte et exploitation des puits), sur les institutions locales et la gestion des responsabilités nécessaires pour assurer la réussite du développement. Rasmussen montre, à travers le débat public groenlandais, que les dispositions du *Home Rule* reflètent le changement général des attitudes vis-à-vis du développement des ressources non-renouvelables ; la population groenlandaise, dans son ensemble, semblant mieux accepter de devoir construire une économie nationale forte et diversifiée.

Le Grand Nord russe a vécu certaines des plus graves conséquences de l'exploitation du gaz et du pétrole dans tout l'Arctique. Dans le premier de trois articles sur la situation des peuples autochtones du nord de la Russie et de la Sibérie, Florian Stammler et Bruce Forbes décrivent l'importance croissante de la Russie comme fournisseur d'hydrocarbures à l'Europe, l'Asie orientale et même à l'Amérique du nord. Ils se centrent sur les champs de pétrole géants du *Territoire autonome des Nenets* (*Nenets Autonomous Okrug*, NAO), du territoire autonome des Khanti-Mansik / *Khanti-Mansik Autonomous Okrug* (KMAO) et sur les énormes ressources en gaz du

Territoire autonome des Yamal-Nenets / Yamal-Nenets Autonomous Okrug (YNAO). Ils montrent les implications (aussi bien en termes de bénéfices que d'effets directs et cumulatifs) de ces développements sur les économies régionales, les peuples, particulièrement les peuples autochtones, et les diverses stratégies que les organisations autochtones des trois régions appliquent dans leurs discussions avec l'industrie.

Gail Fondahl et Anna Sirina examinent quelques-unes des controverses suscitées par le nouveau projet d'oléoduc Sibérie orientale-Océan Pacifique, dont le tracé parcourt plus de 5.000 Km à travers la Sibérie orientale et suscite des inquiétudes chez les Evenki. Inquiétudes qui concernent tant les questions environnementales que la menace que fait peser sur leurs conditions de vie un afflux d'étrangers. Fondahl et Sirina considèrent aussi que la législation sur les droits des autochtones devrait permettre de faire droit à leur revendication de participer aux étapes de planification du projet.

L'article final d'Olga Povoroznyuk étudie la situation des Evenki de la province de Chitinskaya de l'Est sibérien, les changements qui les ont affectés depuis la chute de l'Union Soviétique et leur état socio-économique actuel. Elle considère, notamment, le rôle que doit jouer le gouvernement en donnant aux autochtones la possibilité de perdurer dans leur mode de vie traditionnel et non traditionnel.

Tous ces articles dressent un portrait d'ensemble des principaux projets de développement de l'exploitation du gaz et du pétrole qui affectent les vies et les territoires des peuples autochtones de tout le Nord circumpolaire. Alors que les expériences et les réponses locales peuvent ne pas être généralisées, les auteurs cherchent à comprendre comment certaines expériences des communautés diffèrent, et comment elles peuvent partager leurs perspectives et leur compréhension des problèmes.

Références

Hargreaves S., 2006 : "*The Arctic oil's last frontier*" CNNMoney.com, 27thSeptember.

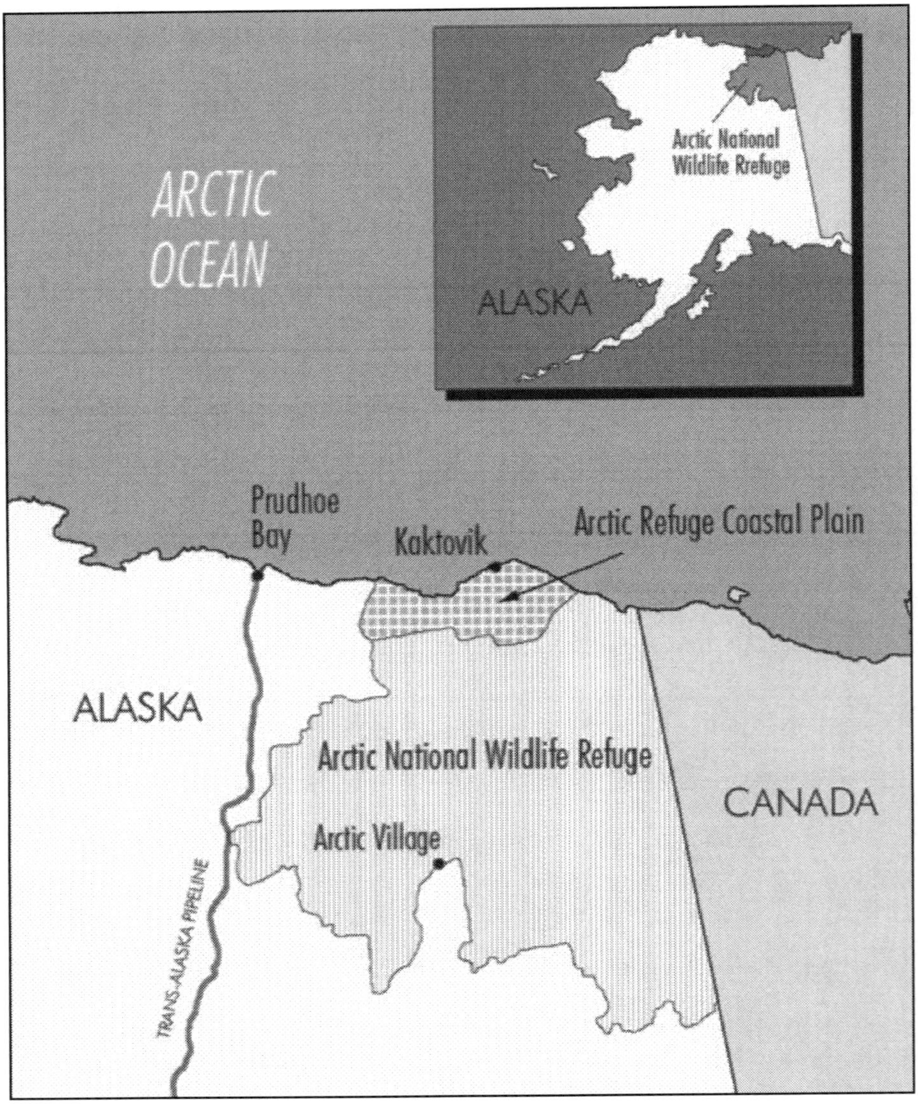
Arctic National
Wildlife Refuge
ARCTIC
OCEAN
ALASKA
Prudhoe
Bay
Kaktovik
Arctic Refuge Coastal Plain
ALASKA
Arctic National Wildlife Refuge
CANADA
Arctic Village
TRANS-ALASKA PIPELINE

Alaska : le débat sur l'avenir de la Réserve Naturelle Nationale Arctique*

Mark Nuttall

Depuis la mise en service, dans les années 1970, des 1300 km de l'oléoduc Trans-Alaska qui relie Prudhoe Bay, sur la côte arctique, aux terminaux du sud de l'Alaska, 85 % du budget de cet Etat sont issus des revenus pétroliers. Le pétrole a eu aussi pour effet de transformer l'environnement social, culturel et économique d'une grande partie du North Slope Borough, où résident environ 7400 personnes, en majorité des Inuit Inupiat.

Si les communautés autochtones du Nord de l'Alaska en ont tiré de nombreux bénéfices, notamment en termes d'emplois, d'équipements scolaires ou sanitaires, l'infrastructure pétrolière et le développement induit ont néanmoins eu des conséquences environnementales et sociales significatives (NRC 2003). La production de Prudhoe Bay ayant commencé à décliner depuis quelques années et la demande de pétrole aux Etats-Unis continuant à croître, la recherche d'alternatives à ces importants gisements a repris. Depuis 2001, on assiste en Alaska à une recrudescence de la prospection pétrolière et gazière dans les zones sous-explorées de cet Etat, notamment dans sa partie centrale et dans la péninsule (Alaska Department of Natural Resources 2006).

Les projets d'exploitation des gisements pétroliers situés dans les plaines côtières du nord de la *Réserve Naturelle Nationale de l'Arctique / Arctic National Wildlife Refuge* (ANWR), alimentent une polémique persistante. Sur le plan écologique, la partie du North Slope appartenant à l'ANWR est particulièrement sensible en raison de l'abondance de sa faune, notamment des mammifères de grande taille tels que les caribous, les ours grizzlys, les loups et les ours polaires, ce qui l'a fait fréquemment surnommer le Serengeti américain. De

* Article traduit de l'anglais par Ruben Ter Minassian, révisé par S. Dreyfus-Gamelon.

quattre millions d'hectares à sa création en 1960, sa superficie a été portée à huit millions d'hectares et son cadre législatif actuel a été défini par la loi de *l'Alaska National Interest Lands Conservation Act* (ANILCA), votée en 1980 par le Congrès. Le village de Katkovic (220 habitants), situé sur la côte de l'Océan arctique, habité par une communauté Inupiat, est le seul établissement humain inclus dans le périmètre de la Réserve. La communauté Gwich'in d'Arctic Village (250 personnes) est située juste à l'extérieur de sa limite sud. Le territoire de la réserve constitue une zone-clé de la migration de la harde de caribous de la rivière Porcupine. Cette dernière est une ressource alimentaire essentielle tant pour les peuples Inupiat que pour Gwich'in. Si l'exploitation pétrolière représente un risque environnemental pour les plaines côtières - et, de fait, pour l'ensemble de la réserve - c'est aussi un sujet qui divise les communautés autochtones d'Alaska : pour les Inupiat, le pétrole est synonyme de perspectives de développement économique, alors que pour les Gwich'in d'Alaska (ainsi que pour ceux résidant dans le Yukon canadien), il met en danger leur survie culturelle.

La Réserve et le pétrole

Géré par l'*Office étasunien de la pêche et de la vie sauvage / US Fish and Wildlife Service, l'Artic National Wildlife Refuge* est situé au nord-est de l'Alaska. Cette réserve faunistique ne possède qu'une seule propriété, comprenant d'une part l'important domaine foncier détenu par le village Inupiat de Kastovik et, d'autre part, les droits sur le sous-sol d'un domaine de *l'Arctic Slope Regional Corporation*, contrôlé par les Inupiat. L'ANWR est l'une des dernières régions de l'Arctique des Etats-Unis (et sa plaine côtière, la toute dernière parmi les zones côtières) à ne pas avoir été ouverte à l'exploitation du pétrole et du gaz. Le gouvernement fédéral et celui de l'Etat d'Alaska ont engagé des programmes de concessions, au nord dans la mer de Beaufort et à l'ouest dans la réserve nationale pétrolière d'Alaska. Un rapport récent du Comité sur les effets environnementaux cumulatifs de l'industrie pétrolière et gazière sur le North Slope a démontré que plus de 1000 kilomètres carrés avaient été transformés en un complexe industriel tentaculaire. Les progrès techniques en matière d'exploitation et le processus de concession en cours dans le North Slope et la mer de Beaufort conduisent à une extension significative de la surface septentrionale de l'Alaska où l'exploration et l'exploitation sont dorénavant autorisées.

Les gisements de pétrole et de gaz de la Réserve sont depuis longtemps considérés comme des ressources potentielles significatives. L'*Enquête géologique étasunienne / US Geological Survey*, les évalue à 10,36 milliards de barils de pétrole, dont 4,5 pour les plaines côtières, et 400 milliards de m^3 de gaz. Bien qu'à l'échelle de la production mondiale ces chiffres restent modestes, la réserve naturelle a acquis une grande importance symbolique au cours du débat sur son avenir. Pour ceux qui plaident en faveur de son exploitation, autoriser celle-ci pourrait constituer l'une des dernières découvertes pétrolières majeure aux Etats-Unis et permettre d'alléger la dépendance au pétrole importé du Moyen-Orient. Les écologistes avancent que la réserve renferme certaines des dernières zones de faune sauvage du pays, lesquelles seraient détruites si l'exploitation avait lieu. Les populations Gwich'in d'Alaska et de l'Ouest canadien sont en général opposées à l'ouverture de la Réserve : leur mode de vie et leur économie de subsistance dépendent de la harde de caribous de la rivière Porcupine, forte de 130 000 têtes. Ils appellent les plaines côtières, qui constituent la zone de reproduction et de mise bas de la harde, « l'endroit sacré où la vie commence ». Bien que les Inuit Inupiat dépendent aussi dans une certaine mesure des caribous, ils sont cependant en faveur de l'exploration pétrolière et devraient retirer des bénéfices financiers de la location aux compagnies pétrolières des terres qu'ils détiennent dans le périmètre de la réserve.

Ouvrir la Réserve

Depuis vingt ans, le lobby de l'industrie pétrolière agit en faveur de l'accès aux gisements situés dans la Réserve alors que les écologistes font campagne pour que cette dernière reste une zone sauvage, à l'abri de tout développement. Ainsi la Réserve « dresse les partisans du développement économique de l'Alaska contre ceux d'une protection de la nature à l'échelle nationale. Elle oppose aussi le consensus général aux Etats-Unis, qui est en faveur du maintien de la Réserve, contre la volonté de la majorité des habitants de l'Alaska, qui voient dans celle-ci un moyen d'assurer une sécurité économique pour le futur ». (McMeath and Morehouse 1994-1)

Le Congrès cherche depuis longtemps un équilibre entre sa volonté de conserver la Réserve comme une zone écologiquement riche et le besoin d'en explorer les richesses pétrolières, ce qui se reflète notamment dans la section 1002 de l'ANILCA. Le Congrès y demandait la réalisation d'un rapport sur le développement des plaines côtières. Celles-ci, dénommées zone 1002, représentent environ 7500 km^2 ou 10% de la réserve. Soumis au Congrès le 1er juin 1987, le rapport 1002 contient notamment la recommandation faite au Congrès de voter une loi permettant l'ouverture des plaines côtières à l'exploration et à l'exploitation pétrolière. Cependant un autre rapport (*US Fish and Wildlife Service* 2001) soutient que ces plaines sont un facteur-clé conditionnant l'état écologique de l'ensemble de la Réserve.

Depuis, plusieurs tentatives de projets de loi ont été proposées au Congrès, visant soit à mettre en œuvre les recommandations en faveur du développement des plaines côtières, soit à l'interdire en affirmant leur caractère protégé. À ce jour, les tentatives au niveau fédéral pour autoriser l'exploitation de la réserve ont été infructueuses. Des résolutions à cet effet ont été repoussées par les Démocrates du temps de la présidence Clinton, mais elles ont reçu un accueil plus favorable lors de celle de Georges W. Bush. En mai 2005, le Congrès a bien voté en faveur de l'autorisation de forages dans la Réserve, mais par le biais d'une résolution budgétaire contenant une disposition permettant que cette autorisation soit éventuellement acquise à l'issue du processus d'approbation du budget plutôt que dans le cadre d'une décision sur la politique énergétique. En octobre 2005, la Commission de l'énergie du Sénat votait en faveur de l'autorisation de forage à l'occasion du débat budgétaire global. Cependant, deux mois plus tard, le Sénat votait contre. Pour l'instant, la Réserve Naturelle Nationale Arctique reste la seule région du North Slope où l'exploitation pétrolière et gazière est expressément interdite. Les autres peuvent être rendues accessibles par décision du Secrétaire d'Etat à l'Intérieur, dans le cas de la Réserve nationale pétrolière d'Alaska et la mer de Beaufort, et par le Commissaire du Département des Ressources Naturelles de l'Etat d'Alaska, pour ce qui est des terres et eaux faisant partie du domaine de cet Etat (U.S. Fish and Wildlife service 2001).

Les intérêts pétroliers et gaziers des autochtones d'Alaska

La découverte des gisements pétroliers de Prudhoe Bay dans le North Slope d'Alaska dans les années 1960 est à l'origine des revendications territoriales formulées par la *Fédération des Autochtones d'Alaska / Alaska Federation of Natives* (AFN). En 1971, le Congrès votait la *Loi sur les revendications des établissements territoriaux autochtones / Alaska Native Claims Settlement Act* (ANCSA) qui, bien que n'entérinant pas la revendication visant à faire de l'Alaska dans son ensemble un territoire autochtone, a cependant institué 12 corporations régionales qui assurent aux autochtones un contrôle effectif sur plus d'un neuvième de l'Etat. Aujourd'hui, un grand nombre de ces corporations prennent une part active à l'industrie pétrolière selon des modalités variées : traitement des pollutions et construction d'oléoducs, compagnies pétrolières et gazières autochtones et diverses entreprises de prestations de services sur les champs pétroliers. Les Inupiats d'Alaska sont partisans de l'ouverture de la Réserve, et particulièrement des plaines côtières à l'exploitation pétrolière. Tout comme des habitants issus d'autres communautés, ils comptent sur le développement pour leur procurer des emplois, des écoles et d'autres possibilités économiques.

Les champs pétroliers et gaziers de l'Alaska septentrional jouent un rôle majeur pour les autochtones d'Alaska. Dans le North Slope, l'extension des concessions et les progrès techniques de l'exploitation multiplient la demande de prestations de services à l'exploration et à l'exploitation, un domaine dans lequel les corporations autochtones sont des acteurs incontournables. En 1980, anticipant sur l'ouverture des plaines côtières de la Réserve, le *Département fédéral de l'Intérieur / Department Of the Interior* (DOI) avait engagé des négociations avec plusieurs corporations autochtones sur des échanges de terres. L'Office de la pêche et de la vie sauvage / *Fish and Wildlife Service*, a proposé d'échanger des droits miniers localisés dans les plaines côtières contre des terres appartenant aux corporations autochtones et situées à l'intérieur ou à la périphérie du réseau de réserves nationales en Alaska. Ces négociations se sont conclues par un accord permettant à ces corporations de sélectionner un certain nombre de périmètres pétroliers dans les plaines côtières. Intégrées à la *Loi sur la conservation des terres d'intérêt national / Alaska National Interest Lands Conservation Act* (ANILCA), ces modifications de territoires ont permis à la *Corporation Régionale du North Slope / Arctic Slope Regional Corporation* (ASRC), basée à Point Barrow, de troquer certaines de ses terres contre d'autres, situées soit dans la réserve pétrolière nationale, soit dans la Réserve naturelle[1].

Le dynamisme de l'ARSC lui permet de se positionner comme une corporation autochtone apte à exporter dans le monde entier ses compétences en matière d'intervention dans les champs pétroliers. Le North Slope montre un exemple encourageant d'une situation où les habitants de l'Arctique ont eu la possibilité de s'approprier une partie des revenus économiques apportés par le développement industriel, sous la forme d'emplois et de capacité d'investissements dans des entreprises. Les avantages retirés de l'amélioration des infrastructures, des équipements scolaires et sanitaires peuvent être importants. Les compromis que doivent accepter les communautés d'usagers traditionnels des ressources naturelles peuvent être limités si celles-ci sont dotées d'un pouvoir de contrôle sur les projets de développement et leur mise en œuvre. Cependant, le développement pétrolier pose des dilemmes spécifiques quant à la meilleure manière d'assurer un équilibre entre les avantages économiques et les transformations

---

[1] L'*Artic Slope Regional Corporation* (ASRC) est une société au statut industriel et commercial, propriété d'autochtones d'Alaska, établie dans le cadre du *Alaska Native Claims Settlement Act* (ANCSA) de 1971. L'ARSC rassemble huit villages Inupiat et possède environ 25 000 km^2 du North Slope. L'exploitation des ressources naturelles forme l'essentiel de ses activités. Son objectif est d'assurer le développement sans mettre en péril les valeurs culturelles liées à l'économie traditionnelle de subsistance des Inupiat.

sociales ou les conséquences culturelles qu'il induit. Ainsi, par exemple, les peuples Inupiat du North Slope ont une relation alimentaire, culturelle et spirituelle avec la baleine à bosse et d'autres mammifères marins, espèces qui sont menacées par les extensions actuelles ou projetées de l'activité pétrolière. Le bruit des sondages exploratoires et de la prospection sismique en mer de Beaufort a perturbé les itinéraires de migration des baleines à bosses, obligeant les chasseurs à faire des expéditions plus lointaines qui les exposent à des risques plus élevés (NRC 2003).

Le peuple du Caribou

La harde de caribous de la rivière Porcupine hiverne au Canada septentrional, dans la chaîne montagneuse Richardson située dans les Territoires du Nord-Ouest, et dans le Yukon central ainsi qu'au nord est de l'Alaska. La harde se déplace en direction de l'ouest et du nord au printemps, jusqu'aux plaines côtières où les femelles mettent bas. Les naturalistes pensent que les caribous s'y rendent parce que les prédateurs y sont moins nombreux et que les végétaux de la toundra apportent une alimentation riche, essentielle pour les femelles allaitantes et les jeunes. La harde se disperse fin juin et en juillet en groupes de dizaines de milliers d'animaux et poursuit sa migration vers le sud et l'est, au Canada et en Alaska, au cours de l'automne et de l'hiver.

Depuis des milliers d'années, les Gwich'in dépendent de la harde des caribous pour assurer leurs besoins essentiels : alimentaires, culturels et spirituels. On dénombre environ neuf mille Gwich'in installés sur ou à proximité de l'itinéraire de migration, rassemblés en communautés réparties entre l'Alaska, le Yukon et les Territoires du Nord-Ouest. Réagissant au risque de l'ouverture des plaines côtières à l'industrie pétrolière, les Gwitch'in ont constitué le *Gwitch'in Steering Commitee* lors d'une réunion à Arctic Village en 1988[1]. Celui-ci a déclaré que l'ouverture de la Réserve faunistique constituait une menace pour les lieux de mise bas des caribous, et donc aussi pour l'existence des Gwich'in en tant que peuple. La résolution inaugurale

[1] Gwich'in Steering Committee, www.gwichsteeringcommittee.org

du comité, *Gwitch'in Niintsyaa*, revendique le droit inaliénable à leurs moyens de subsistance et soutient que le développement pétrolier est une menace réelle pour la société et la culture Gwitch'in.[1]

De même que les Inupiat s'inquiètent des effets des opérations pétrolières *off-shore* sur les baleines, les Gwitch'in ont peur que l'exploitation pétrolière n'affecte la reproduction et les migrations de la harde. Ces craintes sont aiguës et généralisées dans les communautés Gwitch'in. Elles sont corroborées par des recherches qui ont montré que les caribous sont sensibles à toute perturbation pendant leur période de mise bas (Griffith et al. 2002). Il apparaît clairement que l'exploitation pétrolière des plaines côtières est susceptible d'avoir des conséquences sur le troupeau de caribous. Le développement des infrastructures telles que les oléoducs, les pistes de détection sismographique, les routes d'accès, les puits et autres installations va vraisemblablement réduire la qualité et la quantité de fourrage pendant et après la mise bas, empêcher l'accès aux sites permettant d'échapper aux insectes, augmenter la pression des prédateurs et affecter le mode de migration de la harde (US Fish and Wildlife Service 2001).

Le Canada est opposé au développement pétrolier de la Réserve nationale. Un accord signé en 1987 avec les Etats-Unis stipule que les deux pays sont conjointement responsables de la surveillance de la zone d'habitat du troupeau et de la protection des sites de mise bas. Effectivement, la Réserve nationale arctique est un élément important d'un vaste réseau international de zones protégées arctiques ou sub-arctiques. Deux zones - canadiennes - mitoyennes de la réserve faunistique sont ainsi devenues des parcs nationaux, Ivvavik et Vuntut, à la suite du travail mené en commun par le gouvernement canadien et les Premières Nations.

Les Inupiat de Katkovik avancent que, en tant que seul groupe résidant à l'intérieur de la Réserve, leur point de vue devrait avoir prééminence sur celui de communautés vivant à l'extérieur. Le débat sur la Réserve se transforme ainsi en débat sur les modalités de sa gestion, les Inupiat affirmant que leur connaissance de ce territoire leur donne une capacité suffisante pour prendre les bonnes décisions quant à son développement. Ils affirment dépendre eux aussi de la

---

[1] Gwich'in Niintsyaa (résolution) http://gwitchinsteerincommittee.org

harde de caribous et n'avoir aucun désir de la mettre en danger. Ils ajoutent qu'ils ont constaté en d'autres endroits du North Slope que la coexistence entre les caribous et l'industrie pétrolière peut être assurée.

Conclusion : l'exploitation pétrolière de la plaine côtière (zone 1002) a-t-elle un réel intérêt ?

Le débat sur l'avenir de la *Réserve faunistique nationale de l'Arctique* dépasse la question de la protection de la nature et de la survie de la culture autochtone dans un recoin de l'Arctique. L'importance des ressources pétrolières potentielles de la Réserve sert d'argument aux partisans de son exploitation, le pétrole extrait étant supposé constituer un facteur essentiel de la réduction de la dépendance aux importations dans une période de croissance de la consommation aux Etats-Unis. A l'inverse, les opposants, au nombre desquels figure le *Gwich'in Steering Committee*, soutiennent que l'autorisation d'exploitation serait une décision fiscalement irresponsable étant donné qu'il n'y a aucun moyen de savoir aujourd'hui - en dépit de toutes les estimations - le volume réel de la ressource exploitable. Les groupes de défense de l'environnement ajoutent que la quantité de pétrole exploitable risque d'être moins importante que prévue et ne pas permettre la récupération des coûts financiers de l'exploration et de l'exploitation. Il a été ainsi affirmé que, dans les années 1990, à la suite de pressions de responsables politiques d'Alaska, une première rédaction d'un rapport de l'*enquête géologique étasunienne / US Geological Survey,* contenant des estimations basses du volume des gisements de la Réserve avait dû être réécrite et la conclusion rendue légèrement plus optimiste (Roberts 2004 : 42).

En outre, ainsi que le souligne Ricki Ott dans un livre récent sur *l'Exxon Valdez*, il est nécessaire de s'interroger sur les conséquences écologiques et sanitaires de la dépendance au pétrole des Etats-Unis. Le fonctionnement du complexe pétrolier tentaculaire de Prudhoe Bay entre 1996 et 2004 a entraîné une moyenne annuelle de plus de 500 déclarations de déversements de pétrole.[1] En mars 2006, la corrosion d'une conduite sur le site de BP Alaska à Prudhoe Bay a entraîné une fuite d'environ 6400 barils, obligeant l'entreprise à suspendre une production journalière de 400.000 barils. De tels incidents, ainsi que l'héritage persistant de la catastrophe de l'*Exxon Valdez* dans le Prince William Sound en 1989, contribuent à faire de la dépendance au pétrole de l'Alaska un sujet d'actualité et d'inquiétude.

Pour les Gwich'in, les écologistes et tous ceux qui font campagne pour préserver la *Réserve nationale faunistique de l'Arctique* de l'industrie pétrolière, un tel degré d'incertitude sur l'avantage retiré de l'exploitation enlève toute justification aux dommages que cette dernière ferait subir à cette terre, à sa faune sauvage et à son équilibre écologique, ainsi qu'à la culture des peuples associés à la harde de caribous de la rivière Porcupine.

Références

Alaska Department of Natural Resources, 2006: *Division of Oil and Gas 2006 Annual Report* Juneau, Alaska Departement of Natural Resources.

Griffith, B., D.C. Douglas, N.E. Walsh, D.D. Young, T.R. McCabe, D.E. Russell, R.G. White, R.D. Cameron, and K.R. Whitten, 2002: *The Porcupine Caribou Herd.* Biological Science Report USGS/BRD-2002-0001, US Geological Survey, Biological Resources Division.

McBeath, G. and T. Morehouse, 1994: *Alaska Politics and Government* Lincoln, University of Nebraska Press.

NRC, 2003: *Cumulative Effects of Oil and Gas Activities in Alaska's North Slope*, Washington DC, National Academies Press.

Ott, R., 2005: *Sound Truth and Corporate Myths, the Legacy of the Exxon Valdez Oil Spill,* Cordova Dragonfly Sisters Press.

Robert, P., 2004: *The End of Oil : on the edge of a perilous new world* Boston and New York, Hougnton Mitflin.

---

[1] Alaska Department of Environmental Conservation, North Slope Oil Spill Database, 2004

US and Wildlife Service, 2001: *« Potential impacts of proposed oil and gas development on the Arctic Refuge's costal plains: Historical overview and issues of concern »*. http :// arctic.fws.gov/issues1.htlm

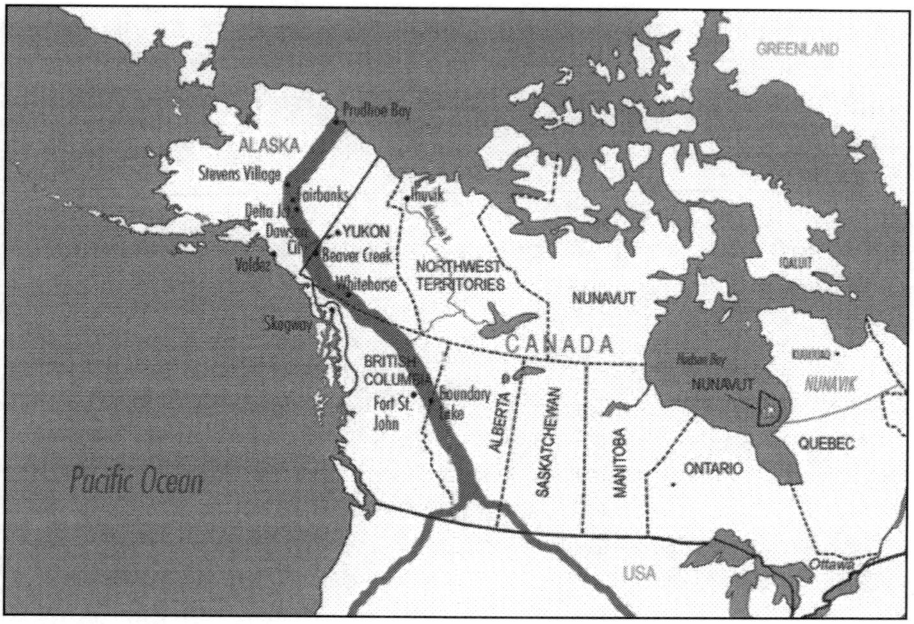

Les Premières Nations du Yukon et le gazoduc *Alaska Highway*[*]

David Roddick

En 2001, les exigences croissantes de l'Amérique du Nord en matière de gaz naturel poussèrent les principaux producteurs arctiques à proposer d'achever le gazoduc *Alaska Highway Gas Pipeline* (AHGP). On évalue le coût de l'AHGP à 20 milliards de dollars étasuniens, et sa durée de réalisation à sept ans. Sa construction, d'abord prévue en 1969, a été plusieurs fois reportée dans l'attente de conditions sociales, politiques et économiques favorables. Aujourd'hui, elle est plus proche de sa réalisation qu'elle ne l'a jamais été à aucun moment de son histoire.

Le présent article fournit un aperçu général d'une proposition de réalisation du projet AHGP et, plus précisément, de la situation des

[*] Article traduit de l'anglais par Danielle Aubin, révisé par Dreyfus-Gamelon S.

peuples athabaskan du Yukon; il donne également leur point de vue global sur le développement du pétrole et du gaz, dans la perspective d'un gazoduc d'importance majeure traversant leurs territoires traditionnels.

Le projet du Yukon au regard des grands projets de développement précédents

L'histoire de l'intense activité de développement du Nord-ouest Canadien fournit un cadre contextuel important pour comprendre la façon dont les peuples athabaskan perçoivent des projets comme celui de l'AHGP. Des événements tels que la Ruée vers l'Or de Klondike en 1896-98, et en 1942-43, les projets de construction de l'autoroute d'Alaska et de l'oléoduc Canol ont donné forme aux perceptions et attentes des Athabaskan en matière de développement. Les effets cumulés de ces expériences trouvent encore un écho individuel et collectif et se reflètent dans l'inquiétude exprimée par ces peuples face aux projets de développement.

Avant 1896, date de la Ruée vers l'Or de Klondike au Yukon, la résistance des communautés athabaskan avait été sérieusement mise à l'épreuve par l'introduction de nouvelles maladies dues aux commerçants russes et européens. En 1896, la découverte de l'or, à une époque de dépression économique mondiale entraîna une migration de masse sans précédent de chercheurs de fortune. En l'espace de quelques années, 30 à 40000 migrants, surtout des hommes, avaient envahi le Yukon. L'impact fut particulièrement sensible le long du corridor de circulation nord-sud, dans la vallée du Yukon entre le port sur le Pacifique de Skagway et Dawson City, et même au-delà.

Entre 1942 et 1943, le gouvernement des Etats-Unis entreprit la construction de l'autoroute d'Alaska et de l'oléoduc Canol programmés comme une urgence en temps de guerre. L'arrivée de vingt mille soldats sur une période de neuf mois eut un profond retentissement sur la santé des communautés autochtones. Entre 1939 et 1949, la population autochtone du Yukon diminua de 7%, passant de 1 563 à

1443 habitants, alors que la population indienne des Etats-Unis augmentait de 16%. Pendant cette décennie, la mortalité chez les Indiens fit plus que tripler, plus de la moitié des décès enregistrés concernant des enfants de moins de dix ans (Coates 1985 : 158-60).

Entre 1974 et 1977, la construction de l'oléoduc d'Alyeska, de la baie de Prudhoe jusqu'au port de Valdez, s'accompagna d'une troisième grande immigration de non-autochtones sur les territoires traditionnels des Athabaskan. En conséquence, la perspective d'une nouvelle immigration massive due au projet AHGP a entraîné une réelle inquiétude des chefs de la communauté athabaskan et servi constamment de toile de fond aux décisions politiques des trente dernières années.

Le projet du gazoduc *Alaska Highway Gas Pipeline* (AHGP).

A partir de 1968, différents projets ont été avancés pour transporter le gaz arctique de la baie de Prudhoe, en Alaska, jusqu'aux marchés du Sud des Etats-Unis. Depuis le début, l'AHGP est entré en compétition avec une contre-proposition de construction d'un gazoduc qui, partant du delta du Mackenzie au Canada, remonterait la vallée du fleuve jusqu'au nord de l'Alberta. A l'heure actuelle, ce projet suit son cours sous le nom de *Mackenzie Gas Project* (MGP). En 1974, cependant, une forte opposition de la part d'organisations autochtones, et de défense de l'environnement, conduisit le gouvernement canadien à lancer une enquête publique de faisabilité sur l'itinéraire proposé. Le résultat fut, en 1977, le *Report of the Mackenzie Valley Pipeline Inquiry,* du Premier Président du tribunal Thomas Berger, qui préconisa un moratoire de dix ans sur la construction du gazoduc, délai nécessaire pour régler les revendications territoriales. Le rapport suggérait également que l'itinéraire de *l'Alaska Highway* poserait moins de problèmes d'environnement (Canada 1977).

Après avoir adopté la plus grande partie des recommandations du rapport Berger, le gouvernement canadien lança une seconde enquête de faisabilité sur le gazoduc du nord, afin d'examiner une demande de construction de l'AHGP. L'*Alaska Highway Pipeline Inquiry* fut plus favorable aux industriels, et préconisa un délai de construction de quatre ans pour permettre le règlement des revendications territoriales au Yukon, tout en suggérant que ce délai ne ferait pas obstacle à la construction, puisqu'il permettrait entre temps l'achèvement de la portion du gazoduc traversant le sud de l'Alberta. Ces travaux furent réalisés en 1982, mais il fallut attendre 2001 pour que les producteurs de gaz naturel considèrent que les conditions économiques justifiaient de relancer une demande d'achèvement du projet AHGP originel.

Réglementation internationale et réglementation intérieure

En 2004, le gouvernement des Etats-Unis approuva une législation incitant à la construction de l'AHGP par des dégrèvements d'impôts. L'effet immédiat fut de relancer sérieusement les négociations sur le gazoduc.

Au Canada, le cadre réglementaire pour la construction de l'AHGP avait été mis en place dès 1978, lorsque le *Northern Pipeline Act*, avait créé une agence indépendante chargée de superviser la construction de l'AHGP sous tous les aspects envisagés. Alors que le gouvernement des Etats-Unis vient de faire un pas supplémentaire avec un ensemble de nouvelles réglementations et d'avantages fiscaux, le gouvernement canadien ne s'est pas encore prononcé sur la question de savoir si le nouveau projet de construction de l'AHGP serait réalisé sous l'égide de l'ancienne *Northern Pipeline Agency*, ou soumis à un nouvel examen en vertu du *National Energy Board Act* (Canada 2006 : 2). Entre-temps, le gouvernement canadien fait porter ses efforts sur la mise au point de la réglementation actuelle concernant le MGP.

Analyse des conséquences économiques. Le projet rénové de l'AHGP

D'après les estimations actuelles, le coût de construction de l'AHGP serait de 20 milliards de dollars canadiens, avec la planification du projet démarrant en 2007, et la phase de construction étagée entre 2011 et 2014 (Alaska 2006). Les prévisions de revenus générés par l'AHGP font ressortir 155,2 milliards de dollars canadiens de recettes directes. Les revenus du travail s'élèveraient à environ 7,2 milliards de dollars canadiens. Selon les plans actuels, l'AHGP mesurerait 2 815 km de longueur, et environ 42 à 45 pouces de diamètre (107 à 114 cm). Il aurait une capacité de transport quotidien de 1,4 à 1,7 milliard de m^3 de gaz naturel. Un tiers de la longueur totale du gazoduc, soit 823 km, traverserait le territoire du Yukon (Alberta 2003 : 34-42).

En 2002, le gouvernement du Yukon commanda un rapport sur les retombées économiques de la construction de l'AHGP et des premières phases de sa réalisation. Le rapport estima que la seule phase de construction entraînerait la création de quelques 30 000 années / emplois au Canada, et environ le même nombre en Alaska. L'embauche indirecte liée à la livraison de matériel, à la fabrication et autres activités annexes porterait ce chiffre à un total de quelques 73 000 à 194 000 années / emplois. Le personnel temporaire, qui excéderait 4 000 durant la période de pic de construction, atteindrait le millier sur toute la période de construction. Durant cette période, l'accroissement de l'embauche pour les résidents dépasserait une moyenne annuelle de 900 emplois et, pour peu que le gouvernement réinvestisse les recettes supplémentaires en nouveaux programmes d'emplois et de services, ce chiffre pourrait atteindre une moyenne annuelle de 1 700 emplois. Le rapport concluait qu'une migration interne beaucoup plus importante pourrait se produire si des avantages étaient consentis aux résidents qui se feraient embaucher pour la construction du gazoduc (Yukon 2002 : 14-15 ; Yukon 2002 : ii).

On prévoit que, s'il est construit, l'AHGP remplira les caisses du gouvernement en recettes fiscales. Un montant total estimé à 58,3 milliards de dollars canadiens, en recettes nationales, provinciales (territoriales) et fédérales serait collecté sous forme d'impôts sur la propriété, impôts sur le revenu et sur les royalties. Presque 92,8% de ces recettes reviendraient à l'Alaska, essentiellement sous forme de royalties payées par les producteurs de gaz. Le solde de 2,2 milliards de dollars canadiens serait partagé entre les gouvernements du Territoire du Yukon et de la Province de Colombie Britannique. La construction de la portion canadienne entraînerait la création de 72 364 années / emplois, pour 1,6 milliard de dollars canadiens, soit 21% de tout le revenu du travail, un peu plus de la moitié de tout le bénéfice revenant à l'Alberta (Alberta 2003 : 42-46).

La réponse des autochtones du Yukon à l'expansion de l'exploitation du pétrole, du gaz et du gazoduc

Les autochtones du Yukon sont aujourd'hui organisés en quatorze entités distinctes de gouvernement ayant pour base la communauté. Onze de ces communautés fonctionnent selon une législation fédérale, le *Yukon First Nation Self-Government Act* (1995) qui leur reconnaît des juridictions autonomes responsables de la gestion de leurs revendications territoriales, en matière de droits et bénéfices. Trois autres communautés, dépourvues de règlements concernant les revendications territoriales, fonctionnent comme conseils de bandes selon la législation fédérale de l'*Indian Act.* Ce qui représente au total environ 10 000 autochtones appartenant à onze groupes linguistiques différents. La plupart des gouvernements autochtones sont également membres d'une, voire plusieurs, organisations tribales régionales. L'organisme régional le plus important, le Conseil des Premières Nations du Yukon (*Council of Yukon First Nations*), représente neuf Premières Nations autonomes du Yukon. Cet organisme en chapeaute plusieurs et succède au Conseil pour les Indiens du Yukon, qui négocia en 1993 le *Yukon Land Claims Umbrella Final Agreement.*

En 1975, la demande initiale de permis pour le lancement de l'AHGP servit de catalyseur pour relancer les négociations territoriales en souffrance entre le Conseil pour les Indiens du Yukon et les gouvernements fédéraux et territoriaux. A l'époque, le projet de construction du gazoduc mobilisa les dirigeants autochtones du Yukon, ce qui conduisit à un réexamen du règlement des revendications territoriales. Dans les années qui suivirent le rapport de l'*Alaska Highway Gas Pipeline Inquiry,* les chefs autochtones du Yukon rendirent de fréquentes visites à Ottawa et Washington DC, pour faire pression contre la construction du gazoduc. Leurs efforts eurent un résultat politique, et les gouvernements fédéraux et territoriaux, ainsi que le Conseil pour les Indiens du Yukon firent des progrès notables dans les négociations territoriales, à la fin des années 1970 et au début des années 1980.

En préparant le règlement des revendications territoriales, les peuples autochtones du Yukon puisèrent des informations dans l'expérience d'autres organisations autochtones affectées par l'expansion de l'exploitation du pétrole et du gaz. Leur intérêt se porta tout spécialement sur l'expérience voisine de l'Alaska et, en juin 1981, le Conseil pour les Indiens du Yukon dépêcha une équipe chargée d'enquêter sur la situation en Alaska. Son rapport - *Land Before Money, Cooperation Before Competition* - anticipait de plusieurs années les découvertes de Thomas Berger dans *Village Journey : Report of the Alaska Native Review Commission* - une étude commanditée par les Communautés Inuit d'Alaska. Le rapport de 1981 notait que les entreprises chargées du développement régional autochtone en Alaska avaient échoué, tant au niveau local que régional, à améliorer la situation de la majorité des peuples autochtones d'Alaska :

« Une petite élite a tiré d'énormes bénéfices, mais la vie du villageois, en particulier, n'a pas connu de changement significatif... La « solution négociée » pour le règlement des revendications territoriales a donc une portée très limitée. Elle ne favorise pas à long terme les intérêts des communautés indiennes du Yukon ». (Conseil des Indiens du Yukon 1981)

Quatre ans plus tard, dans un article du *Village Journey*, Thomas Berger caractérisait également la structure de gouvernement constituée par l'*Alaska Native Claims Settlement Act* (ANCSA, 1971) comme l'un des défauts majeurs de l'accord sur le règlement des revendications autochtones d'Alaska. Il critiquait plus expressément le Congrès des Etats-Unis, comme les architectes de l'ANCSA, pour leur tentative d'utiliser les théories internationales du développement afin de contraindre des personnes exerçant encore une activité dans le secteur traditionnel de l'économie à chercher un emploi dans le nouveau secteur, visant ainsi à créer un " boulevard" sur la toundra.

« Il est peu judicieux de prétendre qu'avec le temps, ses effets bénéfiques se feront sentir plus largement dans les villages. Il n'en sera rien. Les entreprises autochtones sont des mécanismes de « goutte-à-goutte », mais le goutte-à-goutte ne sera jamais plus important qu'à l'heure actuelle, parce que les villageois ne seront pas en mesure de réclamer leur part de la manne de revenus provenant de l'activité économique. » (Berger 1985 : 46)

En Alaska, après que l'ANCSA eut été voté, la rivalité s'accrut, pour le contrôle de presque tous les domaines de la vie quotidienne, entre les Conseils autochtones des villages et ceux des régions, qui étaient plus importants. En particulier, quelques Conseils villageois se conformèrent aux pratiques traditionnelles de subsistance, tandis que les régionaux se faisaient les avocats du développement. En de telles circonstances, des conflits surgirent entre les Conseils de village et ceux de région concernant les directions à prendre pour le développement à venir. De plus, cela suscita un combat inégal où les chefs politiques de village, qui n'étaient plus considérés comme des partenaires dans maintes discussions, se retrouvèrent en compétition avec la direction des Conseils régionaux pour peser sur les décisions prises aux niveaux fédéral et national. Leur perte d'influence politique dans ce domaine réduisit sensiblement le champ de celle qu'ils avaient dans les Conseils de villages.

Selon Randy Mayo, ancien chef du village de Steven en Alaska, après que l'ANCSA eut été voté, les villages apprirent très vite qu'il leur fallait faire le plus de bruit possible le plus vite possible s'ils voulaient se faire entendre. Ce qui signifiait qu'il y avait un défaut dans l'ANCSA. « *...nous étions comme le canari des mineurs, le signal d'alarme.* » Malgré cela, poursuit Mayo, beaucoup de villages d'Alaska ne comprennent toujours pas le nouveau régime de lois qui gouverne leurs droits.

« Comme un mauvais rêve récurrent, cette législation fit jurisprudence et imposa un modèle de propriété pour tout développement ultérieur. Elle fut mise en place avec le pétrole et se poursuit maintenant avec le développement d'autres activités comme celle de la mine, et de ressources qui entraînent un accroissement de

population... Et les plus petites communautés éloignées qui étaient autrefois à l'abri, ne sont pas prêtes à participer à ces nouveaux développements. »

Contrairement à ceux de l'Alaska, les peuples autochtones du Yukon ont aujourd'hui le droit de participer aux prises de décision en faveur des bénéficiaires de revendications territoriales, en tant que Premières Nations du Yukon. Leurs organismes régionaux de développement sont des entités distinctes, généralement reconnues par la législation des Conseils fédéraux, et non par une législation pour le règlement des revendications territoriales, comme cela se pratique en Alaska. Cependant, même si les organismes de développement régional des Premières Nations du Yukon fonctionnent avec un certain degré d'indépendance par rapport à leurs gouvernements, ils sont responsables, et comptables de leur action en tant que membres de ces Premières Nations, adhésion même qui leur permet d'élire la direction politique de chacune.

Dans le territoire du Yukon, le tracé prévu de l'AHGP traversera neuf des quatorze territoires traditionnels des Premières Nations. Six de ces nations ont mené à terme et ratifié le règlement de leurs revendications territoriales, pour deux autres, les négociations avec le gouvernement fédéral se trouvent dans une impasse au moment d'aborder la phase finale.

Dans la perspective d'une éventuelle construction de l'AHGP, les Premières Nations du Yukon ont pris une série d'initiatives. En 2002, leur Conseil National a mis sur pied un important *Strategic Oil and Gas Preparedness Plan* et coordonné plusieurs symposiums de Premières Nations. La Première Nation urbaine de Kwanlin Dun, la plus importante du Yukon, basée à Whitehorse, a développé une *Pipeline Engagement Strategy.* Ces efforts séparés ont également entraîné la formation d'une coalition, la *Yukon First Nations Aboriginal Pipeline Coalition* (APC), composée des Premières Nations du Yukon, signataire d'accords le long du corridor prévu pour le gazoduc AHGP.

Le Territoire Yukon

Klukhu, une communauté dépendante de la Champagne Aishishik First nation (CAFN) dans le sud-ouest du Yukon. Le futur gazoduc traversera les territoires traditionnels CAFN sur environ 60 km au nord du village.
Photos : Kathrin Wessendorf

James Allen, Chef des Premières Nations de Champagne et d'Aishihik, et directeur de l'APC, considère que, grâce à ces accords, les autochtones du Yukon exercent un bien meilleur contrôle sur le sort de leurs terres que pendant la Ruée vers l'Or de Klondike en 1896-98, ou la construction de l'autoroute d'Alaska en 1942-43.

« Parmi nos nations, beaucoup sont des Premières Nations autonomes. Nous sommes des gouvernements et nous devons nous assurer que nos peuples reçoivent une part durable des bénéfices produits par ce gigantesque projet d'ingénierie qui traverse nos terres ».(AAC 2005)

L'APC diffère à la fois des gouvernements individuels des Premières Nations du Yukon et des Conseils de développement des Premières Nations en ce qu'elle constitue un corps intergouvernemental dont l'unique objectif est d'intervenir, sur le parcours du gazoduc, en tant que coordinateur central entre les Premières Nations, les autres gouvernements et l'industrie. Le but de l'APC est de diffuser l'information parmi les Premières Nations, de conseiller le gouvernement et l'industrie pour préserver les intérêts de ces nations et de se livrer aux enquêtes et défenses nécessaires pour s'assurer qu'elles fassent entendre leur voix dans toute procédure de contrôle envisagée.

L'APC diffère également sur des point importants de groupes comme le Groupe Aborigène du gazoduc (*Aboriginal Pipeline Group,* APG) des Territoires du Nord-Ouest. L'objectif de l'APG était d'obtenir un partenariat équitable dans la construction et le fonctionnement du gazoduc de la Vallée du Mackenzie (cf. dans le présent numéro l'article de Nuttall sur le projet de gaz du Mackenzie). Le rôle de l'APC ne va pas jusqu'à l'engager dans des négociations, avec un gouvernement ou un groupe industriel, sur les retombées des bénéfices tirés du gazoduc. Concernant les retombées des bénéfices de l'AHGP, les Premières Nations du Yukon ont l'intention de négocier des accords directs avec les producteurs et les gouvernements, en faveur des bénéficiaires des revendications territoriales.

Effets sociaux et économiques prévisibles de la construction du gazoduc

On présume que, globalement, le bénéfice économique net de l'AHGP pour le Yukon sera plutôt médiocre. En termes de possibilités d'emplois sur le chantier du gazoduc, les travailleurs temporaires en occuperont sans doute beaucoup qui pourraient revenir aux résidents du Yukon, et cela parce que ceux-ci manquent généralement des qualifications et de l'expérience nécessaires pour les assurer. Le Yukon ne dispose pas d'une infrastructure industrielle permettant de profiter des occasions offertes par la construction du gazoduc; beaucoup de services intermédiaires, comme le logement, la restauration, les transports, ainsi que des services semi-industriels, comme la production et la co-production d'énergie seront délocalisés auprès de fournisseurs étrangers au territoire, diminuant ainsi l'impact des créations d'emplois indirects.(Yukon 2002 : i-ii)

Si le projet d'AHGP se poursuivait, sur un accroissement des revenus évalué à 2,2 milliards de dollars canadiens en faveur du gouvernement du Yukon, environ 75%, soit 1,7 milliard de dollars canadiens retourneraient au gouvernement fédéral sous forme de réductions de subventions (Alberta, 2003 : 42). Mais si le projet d'AHGP était abandonné au profit du contre-projet MGP dans les Territoires voisins du Nord-Ouest, la contribution du gouvernement fédéral aurait un impact positif pour le gouvernement du Yukon en raison du droit aux subventions actuellement en vigueur (Zucker et Robinson 2005 : 60).

Les conséquences sociales négatives des jugements concernant l'AHGP affecteront principalement le Territoire du Yukon et faiblement celui de l'Alaska. Parmi la population du Yukon, les autochtones seront les plus exposés.

Ces peuples représentent 24,5% de la population totale du Yukon, évaluée à 28 520 habitants. Whitehorse, la plus vaste agglomération, avec 19 058 habitants, ne possède pas l'infrastructure de logements ou de services susceptible d'accueillir des afflux importants de travailleurs migrants avec leurs familles. De plus petites communautés situées le long du corridor de l'autoroute de l'Alaska (avec une population qui atteint à peine les 2 000 habitants, et descend parfois au-dessous de 200) seraient encore moins capables d'absorber ce flux migratoire (Canada 2006).

Répondre aux conséquences néfastes de la construction de l'AHGP

Les Premières Nations du Yukon s'inquiètent de ce que tout bénéfice économique lié à la construction de l'AHGP sera neutralisé par les conséquences sociales néfastes qu'il aura sur leurs petites communautés. Elles redoutent que le projet soit justifié par le seul argument de la croissance économique, même si ses effets négatifs sont évidents et doivent faire peser de lourdes charges sur les petits groupes.

Selon les dirigeants autochtones du Yukon, l'un des aspects les plus inquiétants de la construction de l'AHGP est l'effet, à long terme, sur le bien-être social de leurs communautés de l'arrivée massive de travailleurs temporaires. Leur expérience passée en la matière, avec tout son cortège de problèmes sociaux, de logement et de santé, a montré que les répercussions sociales de tels événements sur les familles se font sentir plusieurs générations après l'impact initial. Pendant la construction de l'autoroute d'Alaska, l'alcoolisme est devenu endémique parmi les communautés autochtones du Yukon. Cette expérience prouve aussi clairement que possible les conséquences néfastes d'une immigration massive et soudaine de main-d'œuvre essentiellement masculine.

Durant les cinq premières années de la construction de l'autoroute, les taux de condamnation pour ivresse chez les autochtones du Yukon doublèrent presque, et ils firent plus que tripler durant les cinq années qui suivirent immédiatement son achèvement (Coates 1985 : 164). Les répercussions les plus nuisibles à long terme résultèrent de l'interaction entre travailleurs temporaires et autochtones résidents, dans un contexte d'abus d'alcool. Hommes et femmes autochtones étaient également vulnérables, mais de façons différentes : les femmes étaient fragilisées par l'afflux soudain d'hommes célibataires de passage qui remettaient en cause les modèles sociaux et relationnels en usage, en sollicitant souvent des faveurs sexuelles en échange d'alcool ou d'argent. Quant aux hommes autochtones, ils apprenaient l'usage de l'alcool et des drogues de façon auto-destructrice (Coates : 162; Cruikshank : 182 ; Nadasky 2003 : 34)

Tirant les leçons de ces expériences de développement, Ed. Schultz, ancien président du Conseil des Premières Nations du Yukon, remarqua que le problème le plus critique posé par l'expansion de l'AHGP était de savoir dans quelle mesure les Premières Nations du Yukon sont préparées à réagir à ces répercussions sociales éventuelles, une fois que l'industrie a décidé de lancer les travaux .

« De nombreuses études ont montré que le bien-être de toute population autochtone ne dépend pas nécessairement des seuls facteurs économiques du modèle occidental. Nous devons nous assurer que l'industrie, le gouvernement et les organismes de régulation sont conscients de cette réalité. La seule création de richesses économiques n'implique pas qu'on crée des cultures saines, des styles de vie sains s'il n'existe pas un plan clairement établi en ce sens. » (AAC 2005)

Marion Sheldon, membre du Conseil des Teslin Tlingit, au centre-sud du Yukon, craint que les Premières Nations autonomes du Yukon ne soient débordées une fois lancée la construction du gazoduc, et donc incapables de contrôler efficacement son impact et les besoins de la population. En effet, elles manquent de moyens financiers pour appliquer les programmes fédéraux et fournir des services conformément aux accords bilatéraux actuels.

Bien que les cultures autochtones elles-mêmes soient très adaptables, on a vu perdurer des conduites déviantes acquises, longtemps après le départ des travailleurs migrants (Coates 1985 : 164). Certains chefs athabaskan pensent que dans leurs communautés c'est la jeunesse qui court le plus de risques, et que ces risques peuvent s'accroître avec le développement :

« Notre communauté a un problème de suicides et je me demande pourquoi. Peut-être à cause des influences extérieures. A l'avenir, je veux voir mon peuple fier de son héritage, remerciant le créateur de nous avoir installés sur notre propre terre, avec toute la nourriture qu'il y a disposée pour nous. Tout ce gaz, ce pétrole, tous ces diamants ne sont là que pour quelques années, et nous devons trouver le moyen d'en faire bénéficier tout le monde... On ne devrait pas prélever toutes les ressources de notre terre aujourd'hui, car nos jeunes peuvent en avoir besoin dans l'avenir ». (AAC 2005).

La concurrence des immigrants pour l'accès aux emplois locaux et à l'embauche, liée directement ou indirectement à la construction du gazoduc, sera également plus forte dans les petites communautés. Les autochtones du Yukon représentent environ 13% de la population de la ville de Whitehorse, mais ils constituent la majorité des plus petites communautés installées le long du corridor de l'autoroute. Ces communautés sont les plus exposées aux effets négatifs de la construction du gazoduc (Yukon 2002).

Ed. Schultz, résumant le dilemme auquel font face les Premières Nations dans les projets pour la construction de l'AHGP, pointait l'ignorance des gouvernements et des entreprises devant l'importance des mesures à prendre pour en atténuer les conséquences sociales, et les accusait de se contenter de planification à court terme. Leur attention - dit-il - semble toujours étroitement fixée sur l'aspect le plus spectaculaire, le boom qui ne dépasse pas une durée de quatre à cinq ans. Il suggère, comme solution, de se recentrer sur ce qui arrive après ce boom.

« Nous avons constaté cela au Yukon quand les industries minières promettaient de quinze à quarante ans de vie à la mine, encourageaient tout un chacun à contracter des emprunts et des hypothèques, et fermaient au bout de cinq ans. La communauté qui n'existait pas vraiment avant ce boom, mais s'était développée autour de vastes infrastructures publiques, comme des piscines construites sur les revenus de la mine, est maintenant en faillite. Personne ne fait vraiment de bons plans avec une perspective de faillite. C'est là que nous pouvons faire toute la différence en tant que peuple, si nous

planifions à la fois le boom et l'inévitable faillite qui lui succède, puisque nous savons que cette industrie du pétrole et du gaz n'est pas durable, mais qu'elle dépend du montant limité des ressources locales, et se déplace quand ces ressources sont épuisées » (AAC 2005).

Conclusions

Des immigrations massives sur le Territoire du Yukon se sont produites quasi régulièrement tous les cinquante ans depuis 1896. Leur effet cumulé sur les autochtones du Yukon est bien connu et les répercussions néfastes sur la santé de l'ensemble de ces populations sont particulièrement manifestes. La population athabaskan du Yukon est encore en « convalescence », telle serait la conclusion d'un observateur objectif, après inventaire des conséquences successives des différents projets de développement. Tandis que des progrès significatifs ont été accomplis pour régler les revendications territoriales, et faire des communautés le centre du gouvernement et de la gestion de leur richesse, des aspects-clés de la culture, les langues par exemple, sont en danger, sinon en voie d'extinction.

En fournissant une base de données pour évaluer les éventuelles retombées sociales néfastes de l'expansion de l'AHGP, l'histoire des effets cumulés des développements successifs devrait jouer un rôle important pour déterminer les mesures propres à les atténuer dans le futur. Les tenants du développement n'approuveront sans doute pas, mais les gouvernements et les organismes régulateurs, lorsqu'ils évaluent les conséquences de l'expansion future, doivent prendre en compte l'échec des politiques antérieures afin de protéger le bien-être social et économique des communautés autochtones.

Même s'il est difficile de contester la viabilité économique du point de vue national d'un projet comme l'AHGP, alors que l'investissement potentiel direct se mesure en milliards de dollars, son bénéfice économique *net* ne peut être évalué sans tenir compte d'autres scénarios possibles de développement économique futur, ainsi que de leurs conséquences sociales éventuelles. S'il est indéniable que l'AHGP engendrera des milliards de dollars de revenus pour le Canada et les Provinces, peu de bénéfices économiques nets reviendront au Territoire du Yukon, contrairement à ce qui se produit en Alaska, si l'on en croit les prévisions. Et surtout, les communautés autochtones du Yukon, qui comprennent des groupes et une jeunesse vulnérables, sont exposées à subir des répercussions néfastes à long terme, si le projet AHGP suit son cours. Certaines de ces répercussions seront dues à la concurrence pour l'emploi et aux tensions qui pèseront sur l'infrastructure sociale existante, comme le logement ; mais la plupart seront le résultat d'une immigration massive de travailleurs célibataires, essentiellement des hommes, et de conduites sociales déviantes propagées par une population de passage.

Références

Arctic Athabaskan Council (AAC), 2005: *Arctic Oil and Gas Assessment: Social and Economic Effects of Oil and Gas Activities in the Arctic.* Whitehorse, Yukon Territory. June 23-24, 2005: Unpublished workshop transcripts.

Coalition, 2005: « *Alaska Highway Aboriginal Pipeline Coalition* », Presentation by James Allen, Arctic Athabaskan Council Symposium on Social and Economic Effects of Oil and Gas Activities, June 22-23, 2005. Council of Yukon First Nations BuildingWhite horse, Yukon.

Alaska, 2006: *The Alaska Highway Gas Pipeline: Project Timing and Progress* (http://www.gov.state.ak.us/gasline/pdf/WP_ProjectTiming_v6.pdf, retrieved June 25, 2006.

Alberta, 2003: Rylaska, N.L and J.E. Graebeiel, 2003: *Alberta Benefits: Economic Impacts of Northern Gas Pipeline Construction*. Alberta Government. Edmonton. http://www.bus.ualberta.ca/. cibs-wcer, retrieved June 23, 2006, p.34)

Berger, 1985: *Village Journey: Report of the Alaska Native Review Commission*. Inuit Circumpolar Conference. Hill and Wang, New York.

Canada, 1977: *Alaska Highway Gas Pipeline Inquiry*. Lysyk, K. (Chair), E. Bohmer, W. Phelps. Minister of Supply and Services Canada. Ottawa.

Canada, 2006: *Northern Pipeline Act* (1977-78). Consolidated Statutes and Regulations Website (http://laws.justice.gc.ca/en/N-26/251918.html#rid-251925, retrieved July 8, 2008.

Canada, 2006: *Northern Pipeline Act* (1977-78). Consolidated. Government of Canada 2006).

Canada, 2006: *Statistics Canada. Community Profiles 2001*. (Retrieved August 18, 2006, http://www12.statcan.ca/english/profil01/CP01/Search/SearchForm_Results.cfm?Lang=E)

Coates, Ken S., 1993: *Best Left as Indians Native-White Relations in the Yukon Territory, 1840-1973*, McGill-Queens Press.

Coates, Kenneth, 1985: *The Alaska Highway and the Indians of the Southern Yukon: 1945 -52, A Study in Native adaptation to Northern Development*, in Kenneth Coates (Ed), *The Alaska Highway: Papers of the 40th Anniversary Symposium.* University of British Columbia Press.

Council of Yukon First Nations, 1981: *Land Before Money, Cooperation Before Competition.* Council for Yukon Indians. June 1981.

Council of Yukon First Nations, 2002: *Strategic Oil and Gas Preparedness Plan*. Oil and Gas Secretariat. Council of Yukon First Nations. Whitehorse, Yukon.

Council of Yukon First Nations, 2003: *Report on Issues: First Nation Oil and Gas*. Council of Yukon First Nations. Whitehorse, Yukon.

Miller, J.R., 1996: *Shingwauk's Vision: A History of Native Residential Schools,* University of Toronto Press.

Norman, C.R.: "*The Army of Occupation: Malcolm Mackenzie Donald and U.S. Military Involvement in the Canadian Northwest* » (Coates, Kenneth (Ed.) in The Alaska Highway: Papers of the 40th Anniversary Symposium. University of British Columbia Press.1985. Pp.83-93.

Foothills Pipe Lines Ltd., 2002: *Alaska Highway Pipeline Project: Northern Benefits Planning.* January 2002. Yukon Government. White-horse, Yukon. Energy, Mines and Resources, Library.

Kwanlin Dun First Nation, 2002: *Pipeline Engagement Strategy*. Touch the North Associates. Whitehorse, Yukon.

Schweitzer, P., 2002: *Societies and Cultures: Change and Persistence*. Arctic Human Development Report. Yukon. 2002. The Alaska High-way Pipeline: Economic Effects on the Yukon. Informetrica Limited. Whitehorse, Yukon. (http://www.emr.gov.yk.ca/pipeline/ahpp.html, retrieved June 25, 2006).

Yukon, 2006a: *Yukon Employment, May 2006*. Bulletin Yukon Government Bureau of Statistics. (http://www.gov.yk.ca/depts/eco/stats/monthly/emp052006.pdf, p.1, retrieved June 25, 2006).

Yukon, 2006b: *7 Key Interests*, Yukon Government Website. (http://www.emr.gov.yk.ca/pipeline/1399.html retrieved July 8, 2006).

Zuker, R.C., Robinson, R.T., 2005: *Fixing Territorial Formula Financing*. Prepared for The Expert Panel on Equalization and Territorial Formula Financing. July, 2005.

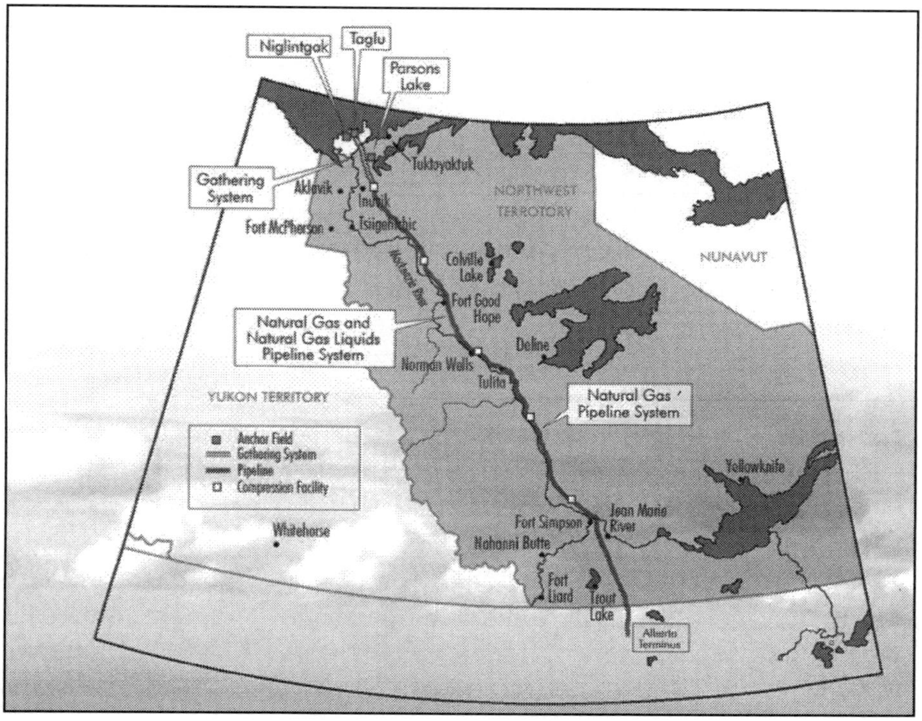

Le projet gazier du Mackenzie La défense des intérêts des peuples autochtones, l'environnement et la frontière énergétique du Nord Canada*

Mark Nutall

Introduction

Pour les peuples autochtones des Territoires canadiens du Nord Ouest, les importantes évolutions actuelles de l'industrie pétrolière et gazière sont porteuses d'effets majeurs sur le plan social économique et environnemental. Ces dernières années, des entreprises du secteur

* Article traduit de l'anglais par Ruben Ter Minassian, révisé par S. Dreyfus-Gamelon

de l'énergie ont demandé aux autorités fédérales, provinciales ou territoriales l'autorisation de mettre en œuvre plusieurs projets de grande ampleur. La plus controversée de ces demandes en cours d'examen concerne le projet gazier du Mackenzie, une proposition chiffrée à 7,5 milliards de dollars canadiens, qui associe Shell Canada Limited, Conoco Phillips Canada (North) Limited, Exxon Mobil, Imperial Oil Ressource Ventures Limited et Aboriginal Pipeline Group (désignés collectivement comme les promoteurs de la proposition). Ce méga-projet conduirait à l'exploitation de trois gisements de gaz naturel situés sur des terres autochtones de la zone du delta du Mackenzie, le gaz étant acheminé par un gazoduc remontant la vallée du fleuve pour alimenter les marchés des Etats-Unis et du Canada et satisfaire les besoins énergétiques des exploitations de sables pétrolifères du Nord Alberta.

Ce projet est un révélateur du débat qui voit s'affronter les différentes perspectives sur l'avenir du Canada septentrional, des peuples qui y vivent et de l'environnement. Ainsi que l'indique un rapport récent, le développement pétrolier et gazier du Nord Canada est « à la fois porteur d'importantes possibilités et de conséquences sociales dévastatrices qui transformeront irrévocablement les communautés autochtones traditionnelles ». [1] Des auditions publiques sont actuellement en cours, dans le cadre du processus réglementaire d'examen. Ce dernier est de la compétence, d'une part de l'Office National de l'Energie, pour ce qui est des composantes économiques et techniques, et d'autre part de l'Agence d'examen conjoint, comprenant sept membres qui, elle, examine les aspects sociaux et environnementaux. Toutes les parties intéressées conviennent que les bénéfices potentiels de ce projet pour le Nord Canada sont immenses et plus de trente groupes autochtones ont signé un protocole d'entente avec le secteur privé sous l'égide de l'Aboriginal Pipeline Group (APG). Cependant, les autochtones ne sont pas tous d'accord avec les plans actuels. Des revendications territoriales et certains points de négociations entre le gouvernement fédéral et la Première Nation Deh Cho de la vallée centrale du Mackenzie ne sont toujours pas réglés ; le

---

[1] *Aboriginal Communities and Non-renewable Resource Development* National Round Table on the Environnement and the Economy, Ottawa, 2001.

peuple Dene Tha', du Nord Alberta, opposé au projet, a engagé un recours juridique ; les ONG environnementales et différents groupes et personnalités autochtones expriment leurs préoccupations à propos des conséquences environnementales et sociales.

Lors de mes recherches sur le développement pétrolier et gazier au Nord Canada, les nombreuses personnes que j'ai interrogées sur leurs opinions et leurs perceptions des perspectives futures pensent très majoritairement qu' « avec le gazoduc, le Nord ne sera jamais plus comme avant ». Certains y voient un changement positif et expriment leurs espoirs pour l'avenir de leur communauté ; d'autres ont peur des effets sociaux, économiques et environnementaux négatifs et irréversibles, ce qui les pousse à se déclarer opposés au projet ; la plupart sont simplement résignés à l'avancée irréversible du développement, indépendamment de leur opinion personnelle à cet égard. Dans cet article, après une rapide introduction résumant quelques problèmes-clés posés par le projet, je présenterai certaines des controverses qu'il a provoquées, liées à la situation et aux préoccupations des peuples autochtones des Territoires du Nord Ouest et du Nord Alberta .

Le pétrole, le gaz naturel et les autochtones dans le bassin du Mackenzie.

Le delta du Mackenzie est le second plus grand delta arctique après celui de la Lena en Russie. Long de quelque 1800 km, le fleuve Mackenzie est la branche principale d'un système fluvial dont la taille n'est dépassée, en Amérique du Nord, que par le Mississipi-Missouri. Son bassin versant, qui draine environ 20 % du Canada, est le territoire traditionnel des peuples autochtones Inuvialuit, Gwitch'in, Dene et Métis dans les Territoires du Nord Ouest et des peuples Dene et Cree dans le Nord Alberta. Le commerce des fourrures y a représenté l'activité économique principale depuis le début du XIXe siècle jusqu'aux années 1930, introduisant ainsi les communautés arctiques au caractère cyclique d'une économie basée sur l'exploitation de ressources non renouvelables. Aujourd'hui les ressources des ménages et des communautés autochtones des

Territoires du Nord Ouest reposent sur un mélange d'économie formelle (par exemple la pêche et la chasse commerciales, l'exploitation pétrolière et les mines ainsi que le tourisme) et d'économie informelle (utilisation des ressources naturelles terrestres ou maritimes pour la consommation domestique). La possibilité de pratiquer ces activités de chasse, de pêche ou de cueillette ne dépend pas seulement de la présence des animaux mais impose aussi de disposer de ressources monétaires, dans la mesure où les techniques modernes rendent ces activités très coûteuses dans les communautés isolées de l'extrême Nord.

Dans les économies mixtes, la moitié ou plus du revenu des ménages peut provenir d'emplois salariés, de la production de matières premières de base ou de transferts monétaires de l'Etat (Nutall et al. 2005). Un telle dépendance croissante vis-à-vis d'autres activités économiques ne signifie pas que l'importance de la production de nourriture vivrière se soit amoindrie. La chasse, la trappe, la cueillette et la pêche visent principalement à satisfaire d'importants besoins sociaux, culturels et alimentaires, tout autant que les besoins économiques des familles, des foyers et des communautés. Toutes les recherches soulignent la persistance de l'importance des activités de chasse et de cueillette dans les Territoires du Nord Ouest, bien qu'une proportion croissante de la population autochtone n'y soit plus directement engagée (voir, par exemple, Usher 2002). Si, d'un côté, le bien-être alimentaire, socio-économique et culturel des peuples du Nord repose toujours sur la nourriture provenant de ressources renouvelables, de l'autre, la recherche de moyens de s'assurer un revenu monétaire est un souci primordial dans beaucoup de ces communautés. L'interdépendance entre secteurs économiques formels et informels, ainsi que le caractère saisonnier et irrégulier des activités salariées (comme le tourisme), créent de graves difficultés aux familles pour assurer régulièrement ces rentrées monétaires nécessaires.

C'est dans ce contexte socio-économique que le développement pétrolier et gazier est considéré comme une source potentielle d'emplois et de prospérité pour les communautés du Nord. Selon des estimations préliminaires, la phase de construction du *Mackenzie Gas*

Project pourrait fournir jusqu'à 2 600 emplois à durée déterminée et, ultérieurement, 50 emplois permanents pour l'exploitation du gazoduc et autres équipements. L'exploitation du gisement devrait offrir encore plus d'emplois dans la construction, les forages et les services. Les responsables officiels des Territoires du Nord Ouest, persuadés que les Territoires récolteront les bénéfices de l'exploitation des ressources non renouvelables de la même manière que l'Alberta (la province voisine, au Sud), attirent l'attention sur la croissance économique générale, au-delà de l'offre immédiate d'emplois.

Le rapport Berger

Bien que l'explorateur Alexander Mackenzie ait été le premier Européen à mentionner, en 1789, les suintements pétroliers dans la région aujourd'hui connue sous le nom de Norman Wells, les Dene qui vivaient au bord du Mackenzie connaissaient l'existence du pétrole bien avant les premiers explorateurs, commerçants de fourrures ou les géologues. Le goudron des suintements naturels était mélangé avec de la résine végétale pour rendre les canoës étanches et il est possible que cette matière première de valeur ait fait l'objet d'échanges. Au début du XXe siècle, les Dene ont servi de guides aux géologues qui exploraient la zone autour de Fort Norman (Tulita) et les ont conduits à Legholi, un endroit dont le nom signifie en Dene « là où est le pétrole ». L'entreprise Imperial Oil Ltd a réalisé des forages pétroliers exploratoires en 1919 et ouvert une raffinerie l'année suivante à Norman Wells. Pendant la deuxième guerre mondiale, les ressources énergétiques du Nord canadien ont acquis une importance stratégique, importance illustrée par la construction de l'oléoduc *Canadian Oil* (Canoil) reliant Norman Wells à Whitehorse et fournissant du pétrole pour les besoins des armées.

L'exploration et les forages pétroliers et gaziers se sont poursuivis après la Seconde guerre mondiale, mais ce n'est que dans les années 1970 que l'intérêt pour les importantes réserves du delta du Mackenzie et de la Mer de Beaufort s'est affirmé. L'idée de construire une conduite pétrolière ou gazière le long de la vallée du Mackenzie jusqu'en Alberta est devenue une question importante de politique publique. En 1974, le Canadian Arctic Gas Consortium a soumis au Gouvernement canadien une demande officielle pour la construction d'un gazoduc. Le gouvernement institua une Commission royale d'enquête, présidée par le juge Thomas R. Berger, pour évaluer les impacts environnementaux, sociaux et économiques.

Lors des auditions préliminaires puis officielles en 1974-1975, T. Berger rassembla les témoignages de 300 experts des zones arctiques - notamment des scientifiques, des économistes et des experts des compagnies pétrolières - ainsi que des résidents locaux. En outre, il écouta les points de vue et les craintes des habitants de 35 communautés. Berger conclut à l'inévitable développement pétrolier et gazier du delta du Mackenzie et de la Mer de Beaufort et à la possibilité de la construction d'un corridor de l'énergie le long de la vallée du Mackenzie jusqu'en Alberta.

Cependant, dans son rapport de 1977, *Northern Frontier, Northern Homeland*, T. Berger fit deux importantes recommandations au gouvernement fédéral. En premier lieu, il était particulièrement soucieux de respecter le droit des peuples autochtones à donner leur opinion et à être impliqués dans l'élaboration des projets de développement. Sur ce plan, sa recommandation principale était d'instituer un moratoire de dix ans sur la construction du gazoduc jusqu'au règlement des revendications territoriales autochtones. Il s'interrogeait par ailleurs sur la réalité d'emplois, significatifs et permanents pour les autochtones, qu'apporterait cette construction. T.Berger recommandait enfin d'en refuser un deuxième, traversant la plaine côtière des Territoires du Yukon, en raison des risques d'atteintes irréversibles qu'un autre corridor énergétique ferait courir aux hardes de caribous, aux oiseaux et au reste de la faune, ainsi qu'aux populations dont l'existence en dépendait. En ce qui concerne la question des effets cumulatifs, T. Berger était d'avis que le gazoduc ne devait pas être considéré isolément. Il déclarait que sa construction et la réalisation d'un corridor énergétique auraient pour conséquence une intensification de l'exploration pétrolière et gazière dans les zones adjacentes. Il craignait que ces effets cumulés soient responsables de transformations sociales et environnementales immenses et irréversibles de la vallée du Mackenzie et de tout l'Ouest arctique canadien. Bien que T. Berger indiquât que les *Directives détaillées applicables aux gazoducs du Nord / Expanded Guidelines for Northern Pipelines*, présentées à la Chambre des communes, le 28 juin 1972, requéraient d'utiliser la notion d'impacts cumulatifs dans l'évaluation des projets de gazoducs, ce concept, à ce jour, n'a toujours pas été évoqué, pas plus qu'il n'est utilisé dans les auditions en cours, consacrées au projet gazier du Mackenzie (voir *infra*).

Le rapport Berger a été le premier à organiser des auditions publiques sur les conséquences environnementales qui ont créé des événements. Jusqu'alors, aucun projet d'envergure situé sur le front d'expansion arctique n'avait été soumis à enquête publique préalablement à son autorisation (Nassichuk 1987). Ce rapport a aussi joué son rôle au cours de cette décennie qui a vu « le Nord projeté dans la conscience canadienne » (Dacks 1981 :1). T. Berger découvrit des lacunes cruciales dans la connaissance de l'environnement arctique, des conséquences environnementales et des techniques de construction sur le permafrost dans les conditions de l'Arctique. Il réclama l'instauration d'un programme de recherches scientifiques sur le Nord, susceptible de fournir un corpus indépendant de connaissances. Avant lui, seules quelques rares études d'impact avaient été réalisées sur le delta du Mackenzie, la plus significative étant sans doute « *The environnemental Impact of the Proposed Mackenzie Delta Gas Development System* » réalisée par Gulf Oil Canada, Imperial Oil et Shell Canada en 1976. Il n'y a eu, depuis, que quelques autres études d'ampleur, telles que « *Pipeline Environmental Effects* » (PolarGas 1984) ou « *Environmental Assessment of Fort Liard Gas Pipeline and Facilities* » (Chevron Canada Resources 1999). Berger transforma la perception des Canadiens de l'exploitation des ressources naturelles, mais son rapport soulignait aussi que le sujet de son enquête dépassait le seul examen de quelques gazoducs : il s'agissait de protéger l'environnement du Nord et l'avenir des peuples autochtones.

Le gazoduc de la vallée du Mackenzie traversera les territoires traditionnels de chasse et de pêche des peuples autochtones.
Colville Lake, Sud de la région Dene.
Photo : Mark Nuttall

Le projet gazier du Mackenzie

Le gouvernement canadien prit au sérieux les recommandations du rapport Berger - le moratoire sur la délivrance des licences d'exploration pétrolière et gazière dans la vallée du Mackenzie et le Sud des Territoires du Nord Ouest est resté en vigueur 17 ans. La baisse du cours du pétrole et du gaz a rendu les compagnies moins enclines à investir dans les zones du Nord. Ce n'est que ces dernières années que la croissance de la demande, la tension sur l'offre et une hausse rapide des prix de l'énergie a ranimé l'intérêt pour ce type de projets. En Octobre 2004, des compagnies du secteur de l'énergie ont déposé des demandes d'autorisation pour la construction et l'exploitation du gazoduc de la vallée du Mackenzie, clé de voûte du projet gazier du Mackenzie.

Dans les Territoires du Nord Ouest, l'année 2005 a été dominée par la discussion sur les cadres réglementaires et les procédures à adopter pour la réalisation de l'évaluation technique, environnementale et sociale de projet gazier du Mackenzie. La première des auditions publiques qui, au grand dam des entreprises promotrices du projet, avait été repoussée, a finalement eu lieu le mercredi 25 janvier 2006, à Inuvik. Le projet gazier comprend plusieurs éléments. Un gazoduc collecteur connectera trois champs de production dans le delta – Taglu (Imperial), Parsons Lake (ConocoPhillips, Exxon Mobil) et Niglintgak (Shell) - à une installation de traitement implantée près de Inuvik où le gaz et les liquides seront séparés. De là, le gaz sera transporté 500 km plus loin, jusqu'à Norman Wells, sur le Mackenzie, par un gazoduc de 80 cm de diamètre, d'où un gazoduc enterré du même diamètre courra parallèlement à l'oléoduc existant qui remonte sur 800 km la vallée jusqu'en Alberta, où la connexion avec le réseau de gazoduc gérés par TransCanada sera assurée. Des stations de compression seront réparties le long de l'itinéraire. Le tracé traverse quatre régions autochtones dans les Territoires du Nord Ouest (les Régions Inuvialuit, Gwich'in, Sahtu et Deh Cho). Une courte section est située au nord-ouest de l'Alberta, à proximité de la frontière des Territoires du Nord Ouest.

La programmation des différentes phases du projet prévoyait un début de la production entre 2008 et 2010. Cependant, en raison d'une série de retards liés aux auditions et aux négociations entre les gouvernements fédéraux et provinciaux et les groupes autochtones, il est possible que le gazoduc ne puisse entrer en fonction avant 2011. Les trois champs de production peuvent fournir environ 80 millions de mètres cubes par jour. Le gazoduc est dimensionné pour 120 millions de mètres cube journaliers, ses promoteurs espérant que le gaz provenant d'exploitations futures dans le delta et les Colville Hills pourront s'ajouter ultérieurement à celui des trois premiers champs. La longueur totale du gazoduc atteindra 1 300 km. C'est essentiellement lui qui est au centre de la controverse, de telle sorte que les autres composantes du projet gazier du Mackenzie sont souvent oubliées.

La procédure réglementaire associe des auditions techniques conduites par l'Office national canadien de l'Energie à des auditions consacrées aux questions environnementales, sociales et économiques, sous l'égide de l'Agence d'examen conjoint (Joint Review Panel) dont les membres sont nommés par le gouvernement fédéral. La tenue de ces auditions clôt une période de plusieurs années pendant laquelle les promoteurs du projet ont participé à des consultations publiques, réalisé des études sur les savoirs traditionnels et des études d'ingénierie ou environnementales, évalué les impacts sur les communautés locales et élaboré des plans de retombées économiques dans les domaines de l'éducation, de la formation professionnelle, de l'emploi et des possibilités de développement d'affaires.

En 2006, les auditions se sont tenues dans 26 communautés des Territoires du Nord Ouest, et dans quelques communautés d'Alberta. Initialement, il avait été prévu qu'elles se concluraient en décembre 2006. Cependant, l'Agence conjointe décida de prolonger ses auditions jusqu'en avril 2007 en raison de la nécessité de recueillir témoignages et données supplémentaires. Le rapport de l'Agence d'examen conjoint est en cours de rédaction. L'Office national de l'énergie examinera les témoignages et toutes les informations communiquées par les promoteurs du projet, les autres intervenants et les communautés locales lors des deux séries d'auditions. Sa décision sera communiquée au gouvernement. Si elle est positive, les autorités de régulation délivreront les permis et licences nécessaires.

Le Nord Canada est le lieu de développements importants des industries du gaz et du pétrole. Des tours de forages, des sentiers d'essais sismiques et des routes d'accées sont déjà présents sur des territoires précédemment isolés.
Photo : Mark Nuttall

Les revendications territoriales autochtones

A quels changements a-t-on assisté depuis le rapport Berger et ses recommandations de la fin des années 1970 ? Le plus significatif est sans doute le règlement des revendications territoriales autochtones. L'exploitation des ressources pétrolières et gazières du delta du Mackenzie et de la Mer de Beaufort a poussé les Inuvialuit à se dissocier de la procédure rassemblant l'ensemble des Inuit des Territoires du Nord Ouest, pour rechercher un accord reconnaissant leurs droits à partager les bénéfices de cette exploitation. La Convention finale des Inuvialuit, signée en 1984, éteint leurs droits et intérêts territoriaux en échange de la propriété de 91 000 km^2 de terres, d'une compensation financière de 170 millions de dollars canadiens, de droits de chasse préférentiels, d'une participation à la gestion des ressources naturelles, de droits miniers sur une surface restreinte et de dispositions prévoyant une forme d'autonomie de gouvernement pour l'avenir. En 1992, l'Accord d'ensemble sur les revendications territoriales Gwitch'in leur donna la propriété de 23 331 km^2 de terres traditionnelles et les droits miniers sur le tiers de celles-ci. Ils obtinrent aussi une somme de 75 millions de dollars canadiens, une part des redevances sur les ressources naturelles de la vallée du Mackenzie, leur inclusion dans les institutions de planification et de gestion de l'usage des terres, de l'eau et des ressources naturelles, le gouvernement fédéral s'engageant à ouvrir des négociations sur l'autonomie de gouvernement. L'Accord pour les Shatu Dene et les Métis (1993) donne à ses bénéficiaires la propriété de 41 437 km^2, des droits miniers sur 1813 km^2 et des dispositions similaires à celui conclu par les Gwitch'in (Irbacher-Fox 2005).

De ce fait, les droits des autochtones s'en sont trouvés plus précisément définis. Leur implication dans le processus de décision sur l'exploitation des ressources est aussi garantie par la loi sur la gestion des ressources de la vallée du Mackenzie (LGRVM), issue des Accords d'ensemble sur les revendications territoriales Gwitch'in, Sahtu Dene et Métis. Le gouvernement fédéral contrôle, par le biais de l'Office national de l'énergie et celui des Affaires indiennes et du Nord Canada, plus de 90 % des droits miniers des territoires du Nord Ouest. Cependant, en vertu des accords signés, les groupes autochtones ont compétence sur les droits miniers et le régime des redevances sur une partie de leurs territoires. Aujourd'hui, les dirigeants d'Imperial Oil reconnaissent publiquement que le gazoduc Mackenzie ne pourra être construit sans le soutien des communautés autochtones du Nord. Effectivement, si les promoteurs du projet veulent réussir à obtenir l'approbation réglementaire, ils doivent avoir une bonne compréhension de la complexité du contexte social, culturel et politique et être capable de s'y orienter efficacement. Les gazoducs doivent traverser les terres autochtones qui peuvent être l'objet de traités historiques, d'un accord moderne sur les revendications territoriales ou d'une revendication non encore réglée. Consulter les autochtones et négocier avec eux est sans doute une obligation légale ; c'est aussi un impératif pratique dans la conduite des affaires. Dans les Territoires du Nord Ouest, les conventions d'ensemble sur les revendications territoriales imposent aux promoteurs des projets de conclure certains types d'accords avec les bénéficiaires sur des questions particulières. La nature de ces accords peut varier en fonction de ceux qui ont été passés sur les revendications territoriales ou des traités applicables dans la zone où le gazoduc doit être construit.

La participation des autochtones.

Le dernier projet de construction du gazoduc considère les peuples autochtones des Territoires du Nord Ouest comme des parties prenantes essentielles. Après le règlement des revendications territoriales de la plupart d'entre eux, une réunion marquante s'est tenue en janvier 2000. Les autochtones y ont discuté pour la première fois, depuis la Commission Berger, du développement de l'exploitation pétrolière et gazière. Plutôt que d'exprimer aux industriels leur refus de la construction du gazoduc sur leurs terres, les participants ont discuté des moyens d'être impliqués dans un tel projet. Les leaders Inuvialuit, Gwich'in et Sahtu Dene constituèrent l'Aboriginal Pipeline Group (APG) et sont entrés, en partenariat avec Imperial Oil, Shell Canada et Exxon Mobil, dans le consortium du Projet gazier du Mackenzie.

Les autochtones possèdent et contrôlent l'APG, qui est, pour l'essentiel, une entreprise de capital-risque. L'idée présidant à sa création était de développer un nouveau modèle de participation des autochtones à la croissance économique des Territoires du Nord Ouest, de maximiser l'appropriation des projets de développements et de leurs retombées par les autochtones et de contribuer à renforcer leur indépendance et leur autonomie. En cas de réalisation du projet, l'APG détiendrait un tiers des actions du gazoduc. La démarche des autochtones a donc significativement évolué depuis la commission Berger, ainsi qu'en témoignent les attitudes et les conceptions de leurs principaux leaders. Nellie Cournoyea, responsable de l'organisation pour les revendications territoriales des Inuvialuit dans le delta du

Mackenzie et ancienne Premier Ministre des Territoires du Nord Ouest, faisait campagne contre le gazoduc dans les années 1970. Elle en est aujourd'hui l'un de ses plus ardents défenseurs.

Ainsi qu'elle le souligne, une grande différence entre les deux époques réside dans l'absence, alors, de volonté réelle des industriels et du gouvernement de considérer les autochtones comme des partenaires actifs du projet initial. Une autre est que, lorsque Berger rédigeait son rapport, les communautés autochtones du Mackenzie vivaient principalement de la trappe, de la chasse et de la pêche. Lors des premières auditions de l'Agence d'examen conjoint en février 2006, Fred Carmichael, Président de l'Aboriginal Pipeline Group et Président du Conseil tribal des Gwitch'in, exposa ses arguments en faveur de la construction du gazoduc. « *Un gazoduc dans la Vallée du Mackenzie... ne détruira pas la terre, mais si nous n'avons pas de base d'activité économique, quelle qu'elle soit, nous détruirons sûrement notre peuple* ». Lors des auditions de Fort McPherson le 17 février, le Chef Charlie Furlong dit son espoir de voir le gazoduc conduire à l'autonomie économique :

« *Les redevances, les taxes que généreront l'exploration et le gazoduc nous donneront cette indépendance. Si nous voulons nous reconstruire en tant que nation, alors nous devons nous saisir de ces possibilités économiques pour établir notre propre source de revenus qui nous donnera un accès réel à l'autonomie de gouvernement ; nous serons alors peut-être ces fières nations évoquées par nos grand-parents* »[1].

Une opinion divisée

Les leaders autochtones sont des défenseurs essentiels du Projet gazier du Mackenzie, arguant que l'exploitation du pétrole et du gaz est le seul moyen pour les communautés autochtones – et plus généralement pour l'ensemble des Territoires du Nord Ouest –

---

[1]Joint Review Panel for the Mackenzie Gas Project 2006 *Volume 4 : Hearing held at Fort McPherson, NWT, 17th February 2006.* Ottawa : International Reporting Inc., p.283.

d'accéder à des emplois et à la prospérité. Cependant l'année 2005 a été marquée par les conflits, chacun des participants (les autochtones, les industriels, les gouvernements fédéral et territorial) cherchant à favoriser ses intérêts propres et s'efforçant de trouver un accord permettant au projet d'aller de l'avant de la meilleure manière. Alors que les leaders autochtones soutenaient ouvertement le projet, ils affirmaient aussi que les industriels et le gouvernement canadien devaient assumer les coûts de ses conséquences sociales et économiques et résoudre les problèmes d'éducation et de logement. Certains autochtones doutaient que le niveau d'emploi fût, pour les communautés du Nord aussi élevé que promis. Les ententes sur l'accès et les avantages ont été au premier plan des discussions entre les groupes autochtones tels que les Sahtu et Impérial Oil et d'autres promoteurs. Les différends semblent avoir été résolus et le gouvernement fédéral libéral annonça l'octroi d'une somme de 500 millions de dollars canadiens aux communautés autochtones pour les aider à compenser les conséquences sociales et économiques du projet. Le gouvernement conservateur actuel (élu en janvier 2006) a fait part de sa volonté de respecter cet accord.

Les auditions ont permis que s'exprime la diversité des opinions. Au-delà de la rhétorique des leaders et responsables politiques du Nord sur les possibilités économiques, les emplois pour les autochtones et l'avenir des Territoires du Nord Ouest, les conséquences sociales, économiques et environnementales du Projet gazier continuent à être redoutées par une grande part des communautés. Le soutien manifesté par les leaders politiques et économiques autochtones au projet a donné aux industriels, au gouvernement et aux media l'impression d'un accord unanime en sa faveur, mais la voix de la majorité des autochtones avait été étouffée. Jusque récemment, les doutes sur le projet et l'étendue de l'opposition à la construction du gazoduc restaient inconnus. La procédure d'auditions a donné aux autochtones des communautés du delta et de la vallée du Mackenzie une occasion sans précédent d'exprimer leurs sentiments, leurs anxiétés et leurs craintes concernant le gazoduc et ses installations annexes. Le témoignage d'Elaine Alexie, de la nation Tetl'it Gwich'in, apporté lors des auditions tenues à Fort McPherson, résume bien les sentiments de nombreux jeunes intervenus dans l'ensemble des assemblées des Territoires du Nord Ouest.

« *Je suis opposée au projet gazier du Mackenzie. En tant que jeune Gwitch'in, j'ai le sentiment que les milliards de dollars qu'il coûtera ne procureront pas seulement des ressources économiques à nos communautés, ce qui est considéré par les industriels et nos propres responsables comme une chance à saisir par notre peuple, mais je suis aussi fortement convaincue que ce projet de développement aura des effets destructeurs sur nos communautés et nuira à leur bien-être social, culturel, spirituel, physique et environnemental.* »[1]

Les Deh Cho et les Dene Tha' : le droit aux moyens d'existence

Deux obstacles peuvent faire achopper le projet : les revendications territoriales non résolues des Deh Cho dans la vallée centrale du Mackenzie et le recours judiciaire des Dene Tha' du nord Alberta et du nord ouest de la Colombie britannique. La Première Nation Deh Cho est un conseil tribal qui représente treize communautés Dene et Métis du centre des Territoires du Nord Ouest. Le tracé proposé pour le gazoduc est situé pour 40 % sur les terres traditionnelles Deh Cho. Bien qu'ils ne soient pas opposés au projet non plus qu'à intégrer l'*Aboriginal Pipeline Group*, le règlement de leurs revendications territoriales est, pour eux, une condition préalable au démarrage des discussions sur le projet. Leur argument est qu'ils sont habilités, par leur situation particulière au niveau gouvernemental, à recevoir directement des revenus liés au gazoduc. Ils demandent aussi une plus grande clarté sur les modalités de partage des redevances, de meilleures évaluations de l'impact environnemental, une plus grande compréhension des effets sociaux, des informations sur les conséquences sur les troupeaux de caribous et d'élans ainsi que sur les parcours de trappe et la garantie de disposer d'une voix au sein de l'Agence d'examen conjoint. L'Entente sur les mesures provisoires des Deh Cho est un dispositif temporaire mis en

---

[1] Joint Review Panel for the Mackenzie Gas Project 2006 *Volume 4 : Hearing held at Fort McPherson, NWT, 17th February 2006.* Ottawa : International Reporting Inc., p.291.

place pour assurer une certaine protection de leurs droits ancestraux pendant les négociations sur leurs revendications territoriales. Elle instaure une participation au contrôle réglementaire d'utilisation des terres et de l'eau par le biais de son appartenance à l'Office d'examen des répercussions environnementales sur la vallée du Mackenzie et par la création d'un comité Deh Cho au sein de l'Office des terres et des eaux de la vallée du Mackenzie. L'Entente sur les mesures provisoires prévoit aussi les modalités des retombées économiques liées à l'exploitation du pétrole et du gaz dans la région.

Les promoteurs du projet gazier du Mackenzie, y compris *l'Aboriginal Pipeline Group*, manifestent des signes d'impatience vis-à-vis de la position des Deh Cho - le Président de l'APG leur a donné jusqu'au 31 juillet 2006 pour décider de rejoindre l'APG, date limite qu'ils ont refusé d'accepter. Le Grand chef Deh Cho, Herb Norwegian a déclaré qu'il n'y avait pas urgence pour eux à rejoindre le Groupe, soulignant que les Deh Cho ne seraient pas à même de prendre une décision avant plusieurs mois puisque plusieurs aspects du projet étaient encore inconnus. Une des principales préoccupations d'Herb Norwegian porte sur la viabilité économique du gazoduc et sur le montant, à la hausse et non déterminé, des coûts impliqués par la participation au Groupe. Surtout, les Deh Cho craignent qu'en rejoignant *l'Aboriginal Pipeline Group*, ils ne soient affaiblis dans leurs négociations avec le gouvernement fédéral sur leurs revendications territoriales. Alors qu'ils affirment que le gazoduc ne peut être construit sans leur approbation et leur soutien, le Ministre des Affaires indiennes a déclaré que le gazoduc était crucial pour le développement de l'Ouest arctique et que sa construction ne serait pas bloquée par les objections d'un seul groupe.[1]

Le problème des Dene Tha' diffère de celui des Deh Cho, mais repose sur des doléances du même ordre : craintes relatives au contrôle du projet, exclusion du processus de consultation et de réglementation, mise à l'écart du processus d'évaluation environnementale et préoccupations importantes quant aux conséquences sociales, économiques et environnementales de la

[1]Weber, B. 2006 « Deh Cho reject deadline to join pipeline group. » *Edmonton Journal* Tuesday June 27, F2.

traversée de leurs terres traditionnelles. En mai 2006, les Dene Tha' engagèrent un recours judiciaire contre le projet.[1] Leurs avocats déposèrent une demande de contrôle juridictionnel auprès de la Cour suprême du Canada contre le gouvernement fédéral, l'Office national de l'énergie, Imperial Oil et l'Agence d'examen conjoint, au motif, d'une part, que ces entités n'avaient pas respecté leurs obligations de consultation avec les leaders et les communautés des Dene Tha' et, d'autre part, que ces derniers avaient été écartés des négociations sur les effets et les retombées économiques. Ils soutiennent que leur seul statut d'intervenants dans le processus d'examen réglementaire, est inadéquat, que les sections du gazoduc situées en Alberta devraient être incluses dans le contrôle fédéral et que le méga-projet et ses développements associés portent atteinte aux droits et titres autochtones des Dene Tah' dans les Territoires du Nord Ouest et en Alberta. Antérieurement, en janvier, ils avaient introduit une requête pour que l'Agence d'examen conjoint reporte le début des auditions jusqu'après le dépôt de leur demande de contrôle juridictionnel. Celle-ci a été rejetée, l'Agence d'examen conjoint répondant que les sujets soulevés par les Dene Tha' ne ressortissaient pas au processus d'examen réglementaire.[2]

Le projet gazier du Mackenzie est assujetti à la loi sur l'Office national de l'énergie et relève donc de la compétence du gouvernement fédéral. Mais la difficulté, pour les Dene Tha', est qu'en ce qui concerne la section située en Alberta, les décisions seront prises par *TransCanada Pipelines* et l'*Alberta Energy and Utilities Board*, ce qui donne une responsabilité conjointe aux entreprises et au gouvernement provincial de l'Alberta pour la réglementation de cette partie du tracé. A cela s'ajoute le fait que les Premières Nations d'Alberta ne seront pas incluses dans le programme fédéral de soutien communautaire d'un montant de 500 millions de dollars, non plus que dans l'accord sur les retombées des bénéfices industriels, conclu avec les compagnies. La crainte des Dene Tha' est que, comme les 100

---

[1]Alberta band joins list of pipeline opponents May 18, 2005, http://www.cbc.ca/canada/north/story/2005/05/18/dene-tha-pipeline-170512005.html

« [2]Alberta band loses bid for pipeline hearing delay » January 9, 2006, http://www.cbc.ca/canada/north/story/2006/01/09/dene-tha-pipeline-060912006.html

derniers kilomètres du gazoduc sont simplement considérés comme une extension de routine du système existant du *TransCanada pipeline*, cette connexion au sud essentielle soit déguisée en un projet mineur par les compagnies et par les instances de réglementation de l'Alberta. Les positions de l'Office national de l'énergie et de l'Agence d'examen conjoint sont nettes : ces deux organismes réaffirment leur statut fédéral et refusent de se laisser entraîner dans un conflit de compétence avec l'Alberta et TransCanada, l'Agence d'examen ajoutant qu'elle n'a ni le mandat ni le pouvoir de faire respecter par l'Alberta des directives pour la protection de la faune et des habitats naturels ou sur des questions communautaires. Les leaders Dene Tha' ont participé aux auditions de l'Agence d'examen à High Level, en Alberta du Nord en tant qu'intervenants et les ont transformées en un fougueux forum de résistance. Le Chef James Ahnassay déclara à l'assistance : « Nous participons en protestant. Nous remettons en cause la légitimité de ces auditions ». Il ajouta : « La procédure nous blesse et nous offense profondément ».[1] Pour les Dene Tha', les auditions ont constitué une occasion pour signifier au comité qu'ils n'étaient pas consultés comme il convenait, que les industries pétrolières et gazières allaient avoir des effets négatifs sur leur usage des terres et que l'expérience montrait qu'ils n'avaient jamais bénéficié du développement. Par-dessus tout, les Anciens rappelèrent à l'Agence que le pétrole et le gaz étaient des ressources en quantités finies et que l'industrie n'était qu'une phase passagère au regard de la permanence de la culture autochtone.

Les effets cumulatifs

Bon nombre d'ONG, du Nord comme du Sud, ont affiché un vaste éventail de positions sur le gazoduc, en arguant que le projet devait répondre aux intérêts du Canada pris dans son ensemble. Lors des premières auditions de février 2006, les leaders autochtones critiquèrent les associations environnementales, comme par exemple le *Sierra Club* et le *Fonds Mondial pour la Nature / Worl Wildlife*

---

[1]Jaremko, G. 2006 « Dene discuss pipeline under protest » *Edmonton Journal*, Friday 7 July, D1.

Fund (WWF), en les assimilant aux organisations anti-trappe des années 1970 et 1980 dont la réussite des campagnes a été responsable de l'appauvrissement des communautés autochtones. Le *Sierra Club*, particulièrement mobilisé pendant toute la procédure d'auditions, déclare que plutôt que de transporter une énergie relativement propre qui remplacerait le charbon ou le fuel actuellement utilisés dans le Sud du Canada et aux Etats-Unis, le gazoduc transportera le gaz du delta du Mackenzie jusque dans le Nord de l'Alberta, où il servira à chauffer le mélange visqueux de bitume, de sable, d'argile et d'eau qui constitue les sables pétrolifères.

L'Institut Pembina, un organisme d'Alberta dont les recherches, les programmes d'éducation et les campagnes sont consacrés à l'énergie durable, plaide pour que soient considérés les effets cumulatifs du projet gazier du Mackenzie. Leur rapport *A Peak into the Future* (Holroyd and Retzer 2005) affirme que les habitants du Nord ne disposent que de très peu d'informations décrivant les scenarii potentiels à l'horizon 30-50 ans. De même, l'information sur les effets cumulatifs à long terme, sur le plan social, économique et écologique, de l'exploration et de l'exploitation du gaz à grande échelle est limitée. Ainsi que le soulignent Holroy et Retzer, l'attention s'est portée jusqu'à aujourd'hui sur des projets gaziers individuels circonscrits tels que les campagnes d'exploration sismographiques, les forages exploratoires et le projet gazier du Mackenzie, qui ne constituent que la première phase d'un processus d'exploitation et de développement beaucoup plus important. Leurs travaux suggèrent que les habitants du Nord doivent s'attendre à ce que le développement industriel ait une phase de croissance significative sur une période de 10-20 ans et à ce que, sauf découverte de nouveaux gisements, on assiste ensuite à une phase de déclin. Leur rapport montre que le taux d'expansion et l'empreinte écologique finale seront du même ordre que ceux de gisements gaziers du Bassin sédimentaire de l'Ouest canadien ayant atteint leur maturité et qui ont laissé le paysage définitivement perturbé.

Les remarques de Holroyd et Retzer sur l'absence de prise en compte des effets cumulatifs ont d'autant plus de poids que les activités d'exploration pétrolière et gazière connaissent d'ores et déjà un accroissement marqué, les opérateurs anticipant la décision de construction du gazoduc. Le vice-président de l'Association canadienne des producteurs de pétrole a déclaré que c'est le projet de gazoduc de la vallée du Mackenzie qui tient les rênes de l'ensemble de l'exploration en Arctique, autant en mer de Beaufort que sur terre. Cela confirme la future focalisation des compagnies opérant dans l'Arctique canadien sur la zone centrale des Territoires du Nord Ouest, le delta du Mackenzie et la mer de Beaufort.[1] Les Majors prennent position et se servent des auditions pour essayer de garantir que l'Office national de l'énergie recommandera que le gazoduc soit « en libre accès » pour tous ceux qui voudront faire entrer du gaz dans le système. Elles interviennent aussi sur la question du coût du péage pour le transport du gaz, coût qui est lié directement au coût en capital de l'infrastructure. Plus ce dernier sera important, plus le coût du péage sera élevé.

Conclusion

L'exploitation des ressources pétrolières et gazières du Nord Canada est pour les autochtones comme pour les non-autochtones une chance et un risque : des possibilités économiques mais accompagnées de conséquences significatives sur le plan social et environnemental. D'Inuvik, au nord des Territoires du Nord Ouest jusqu'à High Level en Alberta, les auditions ont été riches en témoignages d'autochtones faisant la démonstration que la mémoire du mode de vie traditionnel, reposant sur la chasse, la pêche et la trappe, est toujours vivante. Il ne s'agit pas seulement de lamentations nostalgiques sur un patrimoine que beaucoup pensent en train de disparaître. Quand les gens parlent avec gravité de leur appartenance à la terre, ils nous rappellent que ce patrimoine est toujours actuel. Les récits décrivant une vie menée selon la tradition offrent aussi un contexte discursif permettant à leurs auteurs d'exprimer l'espoir d'une indépendance économique. Le témoin des auditions et le lecteur de leurs transcriptions ne peuvent qu'être frappés par la manière dont les gens ont tiré partie du rapport

---

[1]Stevenson, J. 2006 « For Devon ; it's drill or forfeit Beaufort Sea offshore licence.» *Edmonton Journal* Friday 7 June, D7.

Berger s'en servant comme d'un point de référence pour les auditions d'aujourd'hui et pour cadrer leur compréhension de l'ampleur de l'activité industrielle. Les communautés des Territoires du Nord Ouest sont à la veille de voir la partie du Canada où elles vivent saisie par le développement économique, éclaboussée d'innombrables puits de pétrole ou de gaz et marquée par un enchevêtrement de milliers de lignes sismographiques et de pistes de service ; au même moment, les leaders Dene Tha' du nord Alberta ont exhorté l'Agence d'examen conjoint de prendre d'urgence des mesures susceptibles de contrôler la prolifération et l'étalement de l'industrie pétrolière et gazière.

Pour les peuples autochtones - en fait pour l'ensemble des habitants des Territoires du Nord Ouest - les auditions ont ouvert un espace d'échanges et de libres débats, de communication d'idées et d'informations, permettant une meilleure compréhension de l'ampleur du projet avant que la décision définitive ne soit prise et que les modalités de sa réalisation ne soient déterminées. Alors que d'autres demandes pour des projets d'envergure ont déjà été déposées, les auditions consacrées au projet gazier du Mackenzie ont démontré l'importance pour les habitants du Nord de l'accès à une information fiable et détaillée et d'une bonne compréhension de l'industrie pétrolière et gazière, avant que de pouvoir se déterminer en toute connaissance de cause sur les impacts potentiels du développement de l'exploitation. Trente ans après son rapport, les auditions du projet gazier du Mackenzie ont illustré ce sur quoi Thomas Berger avait insisté : la complexité que représente la construction d'un gazoduc dans la région nord de la frontière énergétique du Canada.

Références

Berger, T. 1977 : *Norrthern Frontier, Northern Homeland : the Report of the Mackenzie Valley Pipeline Inquiry* 2 volumes, Ottawa : Department of Supply and Services.

Dacks ; G., 1981 : *A Choice of Futures : politics in the Canadian North* Toronto : Methuen.

Holroyd, P. and H. Retzer, 2005 : *A Peak into the Future : Potential landscape impacts of gas development in nothern Canada Drayton Valley* : The Pembina Institute.

Irlbasher-Fox, S , 2005 : « Land claims » in M. Nuttall (ed.) *Encyclopedia of the Arctic.* Vol. 2, New-York and London : Routledge, pp. 1152-1156.

Nassichuk, W.W., 1987 : « Forty years of non-renewable natural resources development » *Arctic* 40 (4) : 274-84.

Nuttall, M., F. Berkes, B. Forbes, G. Kofinas, T. Vlassova and G. Wenzel, 2005 : « Hunting, herding, fishing and gathering : indigenous peoples and renewable resources use in the Arctic » in ACIA *Arctic Climate Impact Assessment Cambridge* : Cambridge University Press, pp. 670-702.

Usher, P., 2002 : « Inuvialuit use of the Beaufort Sea and its resources ; 1960-2000 ». *Arctic* 55 (1) : 18-28.

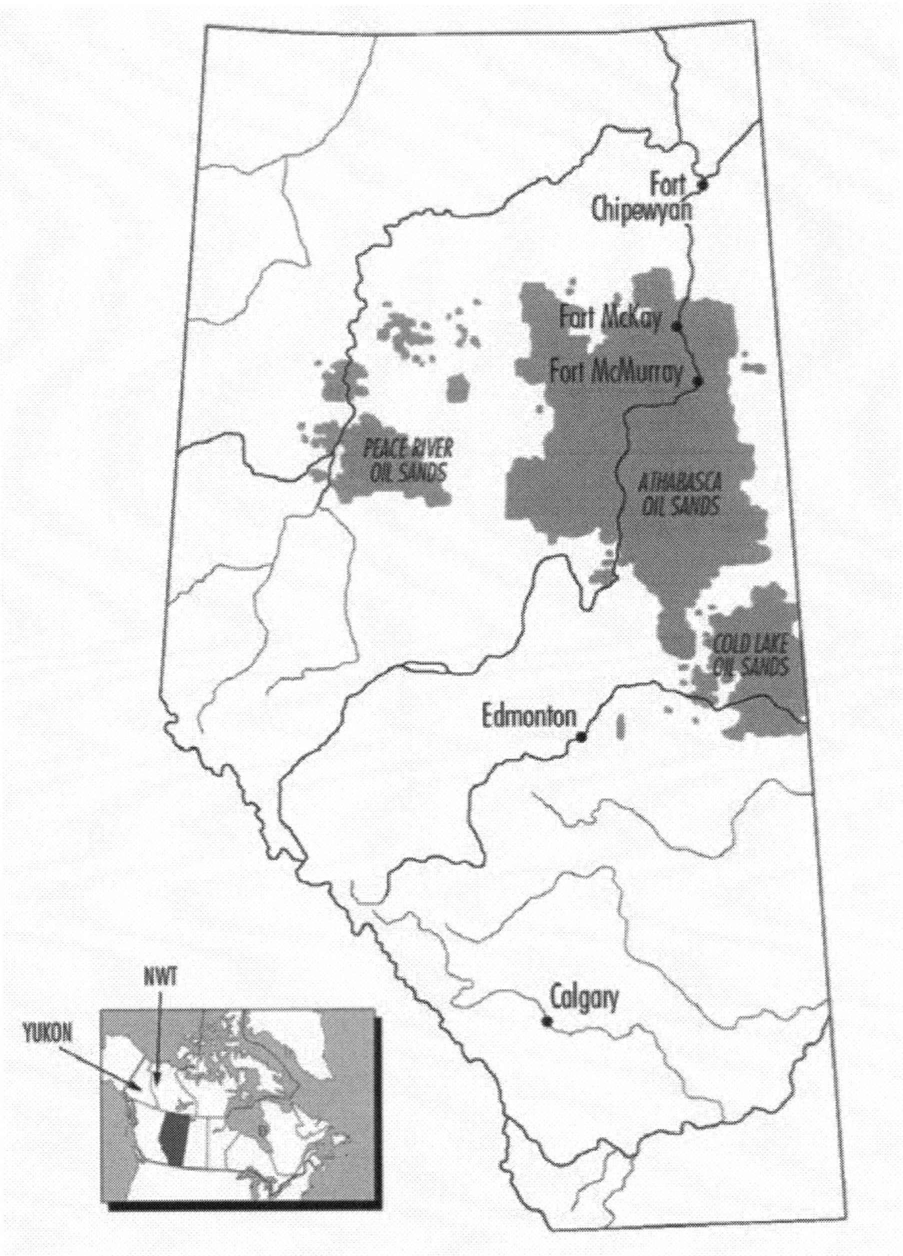
Fort
Chipewyan
Fort McKay
Fort McMurray
PEACE RIVER
OIL SANDS
ATHABASCA
OIL SANDS
COLD LAKE
OIL SANDS
Edmonton
Calgary
NWT
YUKON

Canada : Evaluer l'impact sur les peuples autochtones de l'exploitation des sables pétrolifère de l'Alberta*

Clint Westman

L'exploitation des sables pétrolifères et le développement du Nord de l'Alberta

Les vastes gisements de sables pétrolifères (ou bitumineux) que recèle le sous-sol de la forêt boréale de l'Alberta septentrionale (à l'ouest du Canada) sont présentés comme un remède miraculeux aux maux énergétiques mondiaux. Leur mise en valeur récente a cependant eu des conséquences majeures sur l'environnement et la population locale. L'intensification de l'exploitation à laquelle on assiste aujourd'hui met en péril les droits de chasse ainsi que d'autres droits que les peuples autochtones s'étaient vu garantir par des traités, ou à la faveur de négociations constitutionnelles et de procédures judiciaires. Cet article examine les effets de cette exploitation sur les peuples autochtones ainsi que le contexte politique et réglementaire de leur évaluation. Il conclut que les professionnels de l'évaluation des conséquences sont devenus des alliés de cette exploitation industrielle, et cela au détriment des droits des autochtones.

La signature du Traité n°8 entre le Canada et les représentants des Premières Nations de l'Alberta du nord, en 1899-1900, était perçue par ces derniers comme un accord de partage du territoire qui leur permettrait de préserver leur mode de vie de chasseurs-cueilleurs. De son côté, le gouvernement canadien voyait dans ce même traité un transfert de la propriété des terres. La mise en valeur du nord, qu'il entrepris ultérieurement, s'est conformée à cette interprétation. L'exploitation industrielle des ressources naturelles pétrolières, gazières ou forestières a pris le pas sur le commerce des fourrures, en déclin depuis le milieu du XXe siècle. Cette évolution s'amplifiant,

---

* Traduit de l'anglais par Stan Anna Maria, révidé par Dreyfus-Gamelon S.

l'économie de l'Alberta a acquis un caractère cyclique, compte tenu de sa dépendance vis-à-vis de ces ressources primaires. Malgré tout, on s'efforce de nous persuader que les gisements de sables pétrolifères sont la promesse d'un enrichissement durable pour tous.

Les sables pétrolifères du nord de l'Alberta sont imprégnés de bitume piégé dans un mélange visqueux de sable, d'argile et d'eau. Leur volume équivaudrait, selon les estimations, de 1,7 à 2,5 milliards de barils de pétrole, ce qui en fait la seconde réserve pétrolière du monde après l'Arabie saoudite. Leur exploitation se fait à ciel ouvert, sur de vastes territoires. Le processus d'extraction est complexe et coûteux. Il nécessite l'emploi d'eau chaude et de solvants hydrocarbonés pour séparer le sable, l'eau et le bitume puis, après l'extraction, des phases de purification et de raffinage.

Les gisements de sables pétrolifères sont situés dans le sous-sol des terres ancestrales des Premières Nations Dene et Cree, ainsi que de celles des Métis (populations d'origine à la fois autochtone et non autochtone qui ont, pour beaucoup d'entre elles, un mode de vie traditionnel). A ce jour, on dénombre dans le nord Alberta, tel que défini par le Traité 8, vingt-trois Premières Nations (autrefois appelées Bandes indiennes), quatre villages Métis et de nombreux autres hameaux autochtones, non enregistrés, sur les terres domaniales. Une bonne part de ces communautés est située à proximité immédiate des gisements de sables pétrolifères.

Actuellement, huit communautés sont concrètement confrontées à une exploitation effective des sables pétrolifères. Quelques autres, dans la région de Cold Lake, en dehors de la zone définie par le Traité n°8, sont soumises à des pressions similaires liées à l'intensification des activités classiques pétrolières, gazières, forestières et militaires. Au total, des dizaines de milliers d'autochtones habitent la région, et en constituent la principale minorité. Leurs conditions de vie sont diverses, depuis les résidents des villes jusqu'aux membres de communautés isolées, à l'écart de tout accès routier. De nombreux autochtones de la région continuent à employer leur langue originelle et à pratiquer les activités de subsistance traditionnelles, au moins d'une façon intermittente. Le sentiment d'une identité autochtone y est fort et largement répandu.

Les conséquences de l'exploitation des sables pétrolifères sur les peuples autochtones

Les préoccupations des peuples autochtones à l'égard de l'exploitation des sables pétrolifères sont multiples, allant de la pollution de l'air et de l'eau à la perte d'habitat pour les animaux. Pour ceux dont l'activité de subsistance se déroule dans les zones mêmes où une exploitation est projetée, la perte des terres occasionnées par les mines à ciel ouvert est d'une importance primordiale. Les trappeurs détiennent des permis de piégeage (« *traplines* ») dans une zone circonscrite, traditionnellement très bien connue. Faisant suite à des entretiens individuels, les trappeurs victimes des effets de l'exploitation sont dédommagés par un paiement dont le montant n'est pas rendu public ; certains ne peuvent plus poursuivre leur mode de vie traditionnel. L'exploitation des sables pétrolifères sur des parcours de piégeage très proches, restés jusqu'alors pratiquement vierges et appartenant à quelques familles de trappeurs, a des conséquences culturelles majeures. Nombreux sont ceux qui sont déchirés entre le monde de l'emploi salarié et celui de la forêt.[1]

Du point de vue des intérêts collectifs des peuples autochtones, les leaders autochtones ont abordé cette question de l'exploitation de

---

[1] L'insertion économique des personnes d'origine autochtone reflète leur marginalisation globale au sein de la société canadienne. Ils sont plus nombreux à rester en marge de l'emploi, mais les hommes sont sur-représentés dans les postes d'ouvriers du secteur de l'exploitation des ressources naturelles. Encore récemment, jusque dans les années 50 et 60, l'activité de trappeur était la norme dans les petites communautés. Jusqu'au déclin général de la demande pour les fourrures dans les années 1970, de nombreux autochtones tiraient leurs revenus d'une combinaison de travail occasionnel, d'activité de trappeur et d'allocations publiques. Aujourd'hui une économie mixte persiste et les ressources alimentaires de la forêt sont toujours consommées, mais les revenus issus de l'emploi salarié et des allocations prennent le pas sur ceux procurés par l'activité de trappeur.

manière pragmatique, conscients que, quelles que soient les réticences des autochtones, elle aurait lieu si elle était considérée comme d' « intérêt national ».[1] Des tentatives faites par des groupes autochtones pour faire surseoir à l'exploitation et/ou pour faire reconnaître des titres de propriété en leur faveur par des moyens juridiques se sont en général soldées par des échecs. C'est pourquoi les dirigeants autochtones mènent des offensives sur plusieurs fronts, engageant stratégiquement des procédures juridiques revendiquant la propriété de la zone, tout en négociant avec les entreprises et le gouvernement sur les conséquences et le partage des bénéfices des projets.

A la suite de négociations sur ses revendications en matière de droits fonciers issus de traité - sans lien avec la question des mines - la Première Nation de Fort McKay, à ce jour la plus durement touchée par les mines de sables pétrolifères, avait reçu un domaine foncier qui renferme des gisements exploitables et constitue un facteur-clé de son développement économique dans l'avenir. Cette Première Nation met au point des formules de *joint venture* avec des entreprises et le taux d'emploi de ses membres est élevé. Une telle démarche ne reflète cependant pas nécessairement un consensus généralisé parmi les peuples autochtones.

En aval des mines, à Fort Chipewyan, la Première Nation Cree Mikisew négocie aussi avec les entreprises industrielles qui emploient certains de ses membres. Malgré cela, lors d'audiences publiques, les Mikisew se sont élevés contre l'expansion rapide des mines. Un jugement vient d'être rendu en leur faveur ; il stipule que les peuples autochtones doivent être consultés en bonne et due forme. Dans une autre procédure en cours, les Mikisew avancent que le Traité n°8 n'a pas été appliqué pleinement et que les peuples autochtones sont propriétaires de leurs territoires traditionnels[2]. Une tendance de la jurisprudence canadienne tend à conforter cette revendication. Le cas

[1] Boldt, Menno, 1993, *Surviving as Indians*, Toronto : University of Toronto Press.
[2] La position d' au moins une autre Première Nation subissant les impacts du développement des sables pétrolifères, la Première Nation de Lubiko Lake, est que sa propriété de son territoire traditionnel n'a pas été éteinte par le Traité 8.

de ces deux Premières Nations illustre la grande diversité des réponses collectives des autochtones à l'industrie minière, entre pragmatisme et agressivité procédurale.

Lors d'une audition publique organisée dans le cadre d'une évaluation d'impact environnemental, le témoignage d'un responsable Mikisew, Steve Courtoreille, a bien illustré les sentiments ambivalents de nombreux autochtones à l'égard de l'exploitation des sables pétrolifères et la tenaille dans laquelle sont prises les Premières Nations qui veulent s'élever contre la mise en valeur des ressources naturelles :

« *Personnellement, pour moi, cela s'apparente presque à un exercice d'équilibriste. D'un côté, nous essayons de survivre en procurant des emplois à notre peuple. D'un autre, nous avertissons le gouvernement et les entreprises de nos craintes de voir l'environnement pollué. Nous n'avons pas d'autre choix que de chercher un emploi salarié parce que notre mode de vie a été détruit...Parce que nous avons parlé clair et net avec notre conviction qu'il fallait protéger l'environnement, nous ne sommes pas traités loyalement. Nous sommes menacés de perdre nos contrats de travail. Nous n'allons pas être intimidés par ceux qui viennent nous menacer...Notre mode de vie et notre environnement ne sont pas à négocier...* »[1]

Steve Courtoreille souligne ici le choix fait par les autochtones d'une activité mixte associant travail salarié et économie de chasseurs-cueilleurs.

Beaucoup de membres des communautés autochtones les plus isolées du nord Alberta gardent une relation étroite avec leurs territoires traditionnels. Cela se manifeste à la fois en termes économiques et dans l'importance discursive ou symbolique du temps passé sur leurs terres. Outre les bénéfices nutritionnels ou physiques qu'ils retirent des activités de subsistance, les individus et les familles ont souvent un lien spirituel intense avec le « bush », la forêt, qui

[1] Cité dans Weber, Bob. 2006. « Oilsands work requires balancing act, Cree says. » Canadian Press. The Globe and Mail..... July 13 p. A9.

prodigue leurs ressources et alimente leurs récits. Ils sont mis en danger par le développement qui détruit irréversiblement de larges étendues d'une nature intacte et pollue les zones périphériques des mines avec son bruit, ses fumées, ses défrichements et ses oléoducs.

Les sables pétrolifères sont exploités à ciel ouvert, laissant un terrain dévasté dès que les ressources ont été extraites.
Photo : Mark Nuttall

L'exploitation des sables pétrolifères en Alberta

Les sables pétrolifères de l'Alberta sont connus de longue date par les peuples autochtones et ont très tôt attiré l'intérêt des explorateurs. Cependant, en raison des difficultés techniques et de transport, une production stable n'a pu débuter que dans les années 1960. Pendant plusieurs décennies, l'exploitation a été limitée à une ou deux mines, mais le cumul des projets récemment annoncés est d'un tout autre ordre de grandeur.

Jusqu'en 2003, seuls trois sites étaient en activité en Alberta, dans la région de Fort McMurray, dont les opérateurs étaient Syncrude,

Suncor et, plus récemment, Albian Sands. Dans ces trois cas, les coûts techniques élevés sont à l'origine du choix de la formule de *joint venture*, avec, pour les deux premiers, un investissement public significatif. Toutes les opérations sont à ciel ouvert, en cours d'agrandissement pour celles de Syncrude et de Suncor. Plusieurs autres projets, pour un investissement de 17 milliards en sont au stade de la construction des installations ou devraient être opérationnels à court terme.

L'*Office national de l'énergie canadien / Canada's National Energy Board* prévoit un investissement de près de 100 milliards de dollars dans l'exploitation des sables pétrolifères d'ici 2015[1]. La production pourrait tripler pour atteindre 3 millions de barils par jour à cette date. Les chiffres des prévisions publiées en 2006[2] sont supérieurs de 40% à ceux des estimations publiées en 2004 par l'Office national, en raison de l'accroissement rapide des coûts et du volume des investissements. L'Alberta est aujourd'hui à l'origine de 50% de la production totale pétrolière canadienne et représente 10% des importations des Etats-Unis.[3] D'ici 10 ans, les trois quarts des exportations de pétrole du Canada seront issus des sables pétrolifères.[4]

Les mines ont des effets négatifs sur la qualité et la quantité d'eau et dévastent des terres restées jusqu'ici à l'état naturel. Le cumul des surfaces touchées dépasse aujourd'hui les 15 000 hectares, soit 150 kilomètres carrés. Certaines estimations suggèrent que d'ici 2023, la surface affectée pourrait être multipliée par 10, atteignant 1 406 kilomètres carrés, sans compter l'espace consommé par les bassins de rétention recueillant les eaux issues du procédé de raffinage.[5] D'ores

[1] Il est à noter que les créations d'exploitations sont principalement le fait d'entreprises internationales alors que les premiers acteurs du secteur étaient des compagnies canadiennes.

[2] Shmidt, Lisa, 2006 « Oilsands output to triple » *Calgary Herald,* June 2 (online edition).

[3] TD Securities. 2004. *Oveview of Canada's Oilsands*. Canada : TD Securities. p.4.

[4] Woynillowicz, Dan Chis Seveson-Baker and Mario Reynolds, 2005, *Oilsands. fever : the environmental implications of Canada's oilsands rush*. Edmonton : The Pembina Institute. p.5.

[5] http://www.osern.rr.ualberta.ca/

et déjà, les 50 kilomètres carrés occupés par ces bassins sont visibles depuis l'espace[1]. Dans un contexte où la croissance d'autres secteurs s'ajoute au développement futur massif de l'exploitation des sables pétrolifères, la réduction des habitats de la faune et la perte de territoires de chasse sont des menaces graves pour l'équilibre écologique et culturel des peuples autochtones. Ce ne sont pas les seules conséquences : de nombreux cas de cancers d'un type rare ont frappé la communauté autochtone de Fort Chipewya dont les représentants affirment qu'ils sont liés à la pollution de l'air et de l'eau. La mise sur le marché mondial des ressources des sables pétrolifères soulève la question de savoir à qui elle bénéficie et à qui elle coûte.

Le productiont du bitume à partir des sables pétrolifères est un processus complexe et coûteux qui nécessite l'utilisation de vapeur d'eau et d'ydrocarbures. Photo : mark Nuttall

[1] Woynillowicz 2005 : 30-31.

De lourd camions transportent le sable pétrolifères de la mine de Syncrude Aurora, dans le nord de l'Alberta.
Photo : mark Nuttall

Les effets cumulatifs de l'exploitation des sables pétrolifères

L'intensité énergétique que nécessite le raffinage des sables pétrolifères a elle-même déclenché une recherche frénétique de nouvelles sources d'énergie. La proposition de recourir à un réacteur nucléaire (le premier du Canada occidental) ou celle d'affecter l'essentiel du gaz naturel du delta du Mackenzie à la production d'électricité pour les raffineries de sables pétrolifères ont été avancées[1]. Evidemment ces propositions auraient leurs propres conséquences environnementales. Même les alternatives *in situ* aux mines de surface (par extraction souterraine) ne sont pas sans effets nocifs : elles requièrent de grandes quantités d'eau (soustraites aux

[1] Schmidt, 2006.

cours d'eau et aux zones humides) ainsi qu'une importante infrastructure de puits, de canalisations et de pompage. Qu'elle recoure à des techniques minières de surface ou « in situ », l'intensification de l'exploitation des sables pétrolifères marquera immanquablement la terre avec des oléoducs, des routes et, éventuellement, des voies de chemin de fer. L'usage traditionnel du territoire est en outre menacé par le spectre des pluies acides, inconnues jusqu'ici au Canada occidental, que pourrait provoquer le raffinage des sables pétrolifères.

Ces effets viendront s'ajouter à ceux induits par l'exploitation des gisements pétroliers « classiques » de l'Alberta : plus de 300 000 kilomètres d'oléoducs, 4 000 usines de traitements, d'innombrables pompes et des centaines de milliers de kilomètres de routes et de pistes. La hausse des prix de l'énergie améliore la viabilité économique de l'exploitation des sables pétrolifères ; elle pousse aussi les industries pétrolières et gazières classiques à étendre leurs zones de production. La rapide croissance, depuis une quinzaine d'années, de l'industrie forestière en Alberta ajoute à ces bouleversements bien qu'elle provoque moins de dommages. Les photographies satellite montrent cependant combien ceux-ci y sont importants, à comparer avec d'autres zones de forêts boréales. L'exploitation des sables pétrolifères représente à la fois une intensification de ce processus de mise en valeur (de vastes étendues de terres ou d'habitat étant la proie des bulldozers ou noyées sous des flots de boues toxiques) et un changement global en termes d'échelle ou de capital investi. Elle implique, en un court laps de temps, l'industrialisation lourde d'une région relativement isolée.

Un camion de Syncrude garé dans le centre de Washington DC pendant le Smithsonian Folklife Festival, en Juillet 2006. Photo : Mark Nuttall

Les sables pétrolifères dans le cadre mondial et leur importance en Alberta

Début juillet 2006, un super poids lourd, du type de ceux utilisés dans les exploitations de sables pétrolifères, était garé devant le Capitole à Washington, dans le cadre d'une campagne de publicité initiée par l'Etat d'Alberta. L'objectif était de faire la promotion d'une nouvelle source d'énergie pour les Etats-Unis et celle d'une province canadienne ouverte à l'exportation. Ainsi, le développement de l'industrie des sables pétrolifères en Alberta doit être resitué dans le contexte d'une économie politique mondiale, où la guerre, les véhicules 4/4 et l'économie de subsistance arctique sont entremêlés. Disposant des plus importants gisements de sables pétrolifères du monde, le Canada est une ressource « intérieure » majeure pour le marché d'Amérique du Nord. Cela n'a cependant pas toujours été suffisant pour rendre leur exploitation assez attirante aux yeux des investisseurs : pour les attirer, les gouvernements du Canada et de l'Alberta ont accepté pendant les années 1990 de mettre en place des exemptions fiscales et de limiter la redevance à 1%, tant que les projets n'atteignaient pas le seuil de rentabilité. Des groupes de réflexion (*think tanks*) sur l'environnement, comme par exemple le Pembina Institute, ont souligné la mauvaise planification, l'étendue des dommages causés par les exploitations et ils ont recommandé que la stratégie économique à long terme de la Province soit révisée.[1] Les communautés autochtones, les services sociaux ou de santé et des responsables politiques provinciaux ou municipaux ont aussi adopté ce point de vue.

L'usage et la connaissance traditionnels du territoire et de l'environnement, et les « experts »

Au Canada, les législations fédérales et provinciales font obligation aux entreprises d'exploitation des ressources naturelles d'évaluer les conséquences probables de leurs projets sur l'environnement et les communautés locales. Ces conséquences affectent aussi l'usage autochtone traditionnel du territoire aux fins de subsistance. Les entreprises déguisent ce simple respect de la loi en une démarche volontaire et en preuve de leur attitude citoyenne.[2] En réalité, la collecte et l'emploi des données sur ces thèmes ne respectent pas, ou ignorent, la nature sacrée de cette information. De ce fait, les autochtones deviennent un outil de relations publiques. Une importante campagne de publicité d'une compagnie pétrolière était illustrée par la photographie d'un Ancien souriant, posant devant un lac immaculé, sans qu'aucune infrastructure pétrolière ne soit visible, avec pour légende ce slogan : « *tous les experts que nous consultons ne sont pas employés par Shell* ». Le message étant que les relations de l'entreprise avec les autochtones locaux étaient fortes et constructives[3]. Les travaux de recherche que j'ai menés suggèrent, à

---

[1] Woynillowicz, 2005.

[2] Shell, Canada, 2003, "Not all the experts we listen to are employed by Shell…" publicité parue dans *The Edmonton Journal*, Oct 23 ; Mason, Andrew and Natasha Thorpe, 2002. "Environmental assessments and consultation process for land and resource development projetcts" Aboriginal Land and resource Management Conference Vancouver. Insight Information Co.

[3] Shell, 2003.

l'inverse, que les techniques d'évaluation des impacts sociaux des exploitations de sables pétrolifères ne tiennent pas la promesse faite par cette publicité de traiter les Anciens autochtones comme des experts.[1]

Globalement, les consultations et la gestion de l'environnement en Alberta - en fait dans l'ensemble du Canada - pourraient ne pas respecter les réglementations juridiques ou le droit international.[2] En dépit de la protection constitutionnelle des droits de chasse, de piégeage et de vie traditionnelle dans les territoires, acquis par des traités, et bien qu'il soit établi que la volonté de maintenir ces activités est présente chez les autochtones, le développement a eu des conséquences majeures sur l'usage traditionnel du territoire en Alberta. Il est regrettable que les études d'impact environnemental soient au service de ce processus, à la faveur des liens intimes noués entre les consultants, les industriels et le gouvernement.

Les problèmes posés par l'évaluation des conséquences de l'exploitation sur l'usage traditionnel du territoire[3]

---

[1] Westman, Clint, 2003, "traditional land use in the Jackpine mine SIA" Unpublished term paper submitted to Dr.Naomi Krogman, Rural Sociology 50i, University of Alberta.

[2] Ross, Monique, 2003, *Aboriginal Peoples and resource development in Nothern Alberta*. Occasional Paper 12. Calgary : Canadian Institute of Resource Law ; Ash, Michael 2000. « First Nations and the derivation of Canada's underlying title : comparing perspectives on legal ideology » in *Aboriginal rights and self-government*. Cook, Curtis, and Juan D. Lindau, eds Montreal and Kingston. McGill-Queen's University Press.

[3] Mon expérience en matière d'analyse des études d'impacts environnementaux des projets d'exploitation des sables pétrolifères provient à la fois d'une pratique professionnelle et de travaux universitaires. J'ai effectué 13 mois d'enquête de terrain dans les communautés Cree et Métis du Nord Alberta qui ont subi les impacts du développement de l'exploitation pétrolière et gazière. Ces communautés résident à proximité immédiate de gisements de sables pétrolifères dont l'exploitation en est à ses premières étapes. J'ai réalisé une étude sur l'utilisation traditionnelle du territoire pour le compte d'une Première Nation confrontée à l'expansion de cette exploitation. Mon intérêt pour le problème des sables pétrolifères est intimement lié à mes efforts pour comprendre le sens de l'espace et du sacré à la manière de mes informateurs appartenant à ces communautés.

L'étude d'impact environnemental figure parmi les moyens les plus rigoureux à la disposition des décideurs pour gérer les effets environnementaux cumulatifs.[1] C'est pourquoi la critique et la réforme des procédures d'évaluation sont des éléments essentiels de la protection de l'environnement et des droits des autochtones. La *Loi canadienne sur l'évaluation environnementale / Canadian Environmental Assessment Act* (CEAA) ainsi que les législations de certaines Provinces et Territoires imposent, depuis le milieu des années 1990, l'évaluation des effets du développement sur l'usage traditionnel du territoire. Cependant les promesses initiales de ces dispositions légales sont trahies par les études d'évaluation de l'impact social telles qu'elles sont exécutées dans la réalité.

Le savoir environnemental traditionnel s'est développé dans les communautés autochtones depuis des millénaires. Il est profondément imbriqué avec la pratique (l'usage traditionnel du territoire), la religion et les règles morales[2]. Cette spécificité du savoir environnemental traditionnel peut rendre plus difficile, lors de l'évaluation, l'instauration d'un dialogue entre peuples autochtones, scientifiques et promoteurs de projets industriels tel que le veut la loi[3]. Au cours de l'évaluation environnementale, les structures sous-jacentes, les procédures et les conceptions du monde des gestionnaires publics et privés des ressources naturelles peuvent faire obstacle à l'expression par les autochtones de leurs propres opinions et propositions, en dépit de l'intention du législateur.[4]

Telles qu'elles se présentent, les méthodes, scientifiques comme celles de la mise en œuvre des politiques publiques, reposent sur un socle de présupposés; ceux qui ne les partagent pas, se voient

---

[1] Kennet, Steven A 1999. "Towards a new paradigm for cumulative effects management". Occasional Paper 8. Calgary : Canadian Institute of Resource Law.
[2] Tanner, Adrian. 1979. *Bringing Home Animals : religious ideology and mode of production among the Mistassini Cree*. St John's Nfld. : Memorial University Press.
[3] Patterson, Michael E. and Daniel R. Williams, 1988, « Paradigms and problems : the practice of social science in natural resource management », *Society and Natural Resources*. 11, pp.279-295.
[4] Patterson, 1998.

empêchés d'influencer les décideurs.[1] Un certain nombre de critiques ont souligné que les évaluations des conséquences environnementales ont tendance à faire du développement un destin inévitable, désirable et progressiste[2]. En outre, leurs auteurs ne saisissent pas totalement les conceptions autochtones en matière de territoire et de religion [3]. Enfin, en général, les études préalables destinées à mesurer les effets futurs ne se préoccupent pas des conséquences anciennes ou actuelles sur les usages traditionnels du territoire, et, *a fortiori*, du cumul d'effets qu'apporteraient les développements projetés[4].

---

[1] Stone, Deborah. 1997. *Policy paradox : the art of political decision making* (2 nd. ed.).NY, NY :WW Norton & Co.

[2] Howitt, Richard. 1995. « Social impact assessment, sustainability and developmentalist narratives of Resource Regions », *Impact Assessment.* vol. 13. no.4, pp.387-402. (voir aussi Asch, Michael. 1990. « The future of hunting and trapping and economic development in Alberta's North : some myths and facts about inevitability », *Proceedings of the Fort Chipewyan and Fort Vermillion Bicentennial Conference.* McCormack, Patricia A. and R. Geoffrey Ironsides, eds. Admonton : Boreal Institute for Nothern Studies, pp. 25-29 ; Espeland, Wendy. 1993. «Power, Policy and Paperwork : the bureaucratic representation of interests.» *Qualitative Sociology.* vol. 16. No.3, pp. 297-317 ; Sanberg, L. Anders and Joel Slogget. 1989 « Geography in the Canadian North, c. 1945-1988. » *Geografiska Annaler.* 71 B 2, pp.125-134.)

[3] Mulvihill, Peter R. and Douglas C. Baker, 2001, « Ambitious and restrictive scoping : case studies from Northern Canada », *Environmental Assessment Review,* vol. 21, 363-384 ; Paci, Chis, Ann Tobin and Peter Robb. 2002. « Reconsidering the Canadian Environmental Assement Act : a place for traditional knowledge. » *Environmental Impact Assessment Review.* vol. 22, pp. 111-127 ; Usher, Peter. 2000, "Traditional ecological knowledge in environmental assessment and management". *Arctic.* 53 (2) : 183-193 ; Vayda, Andrew P. 1983..... « Progressive contextualization : methods for research in human ecology ». *Human Ecology.* vol. 11 no 3, pp. 235-280 ; Wiles, Anne John McEwen and Husein Sadar. 1999. « Use of traditional ecological knowledge in environmental assessment of uranium mining in the Athabasca , Saskatchewan. » *Impact Assessment and Project Appraisal.* vol. 18. no 2. pp.107-114.

[4] Kennet 1999 ; Tollefson, C. and K. Wipond. 1998. « Cumulative environmental impacts and land rights.. » *Environmental Impact Assessment Review.* vol 18, pp. 371-390.

L'industrialisation de l'utilisation traditionnelle du territoire

Au Canada, les entreprises d'exploitation des ressources naturelles emploient des grands cabinets de consultants pour réaliser les études d'impact environnemental et social requises par la législation, qui sont ensuite examinées par des commissions dont les membres sont issus des gouvernements provinciaux et fédéral. L'élaboration de ces documents, de ce fait, repose sur un certain nombre de présupposés inhérents à la pratique de la planification dans les sociétés capitalistes et hautement organisées. En eux-mêmes, ces documents ne remettent pas en question le principe du développement ni n'apportent les éléments d'information qui aideraient ceux qui voudraient le faire. Sous cet angle, on peut considérer que leur fonction est de rendre plus opaques, et non de clarifier, les effets attendus des projets sur l'usage traditionnel du territoire.

Une étude d'impact standard d'un projet d'exploitation de sables pétrolifères consacrera un unique chapitre à l'usage traditionnel du territoire, au sein d'une évaluation globale largement dominée par une approche recourant aux sciences physiques ou naturelles. Les auteurs des études eux-mêmes peuvent ne pas être formés aux méthodes ou à la déontologie de la recherche en sciences sociales, sans parler des langues, cultures et religions locales. Ces études ne procurent très souvent que peu d'informations pouvant aider les membres des commissions ou les responsables politiques à évaluer la nature réelle des conséquences ou à percevoir les valeurs des communautés autochtones locales.

Dans de nombreux cas, le mode de présentation des « données » en obscurcit le sens. Il n'y a en général que très peu de descriptions du contexte historique ou d'informations sur les effets cumulatifs des projets d'exploitation. Tirant parti de données imprécises et de modèles inadaptés, les consultants peuvent présenter l'information de telle manière que l'importance actuelle des effets cumulatifs d'un projet d'exploitation sur le territoire d'une Première Nation soit minorée. Cette attitude plutôt cavalière conduit à des évaluations techniques et purement quantitatives des effets cumulatifs, incapables de procurer l'information nécessaire sur les coûts humains du projet d'exploitation, notamment en matière d'activités à forte composante culturelle, comme par exemple la chasse et la cueillette de subsistance.

A cet égard, l'étude du cabinet Golder Associates, consacrée à la mine Jackpine de Shell Canada (2002), est un bon révélateur des problèmes posés par le régime actuel. Golder Associates est l'un des principaux cabinets canadiens réalisant des études d'impacts pour des projets d'une grande ampleur. Il a mis en place une méthode standardisée pour bénéficier d'économies d'échelle dans la production de ces expertises. Grâce au rapport de Golder Associates, Shell Canada, la filiale locale du géant multinational de l'énergie, a obtenu en 2004 l'autorisation d'ouvrir son exploitation de Jackpine, au nord de Fort McMurray en Alberta. La production de ce site important devrait atteindre 200 000 barils de pétrole. C'est l'un des deux sites appartenant à Shell qui ont été autorisés ces dernières années, à côté d'une série d'autres sites appartenant à ses concurrents. L'étude d'impact consacrée à ce projet est malheureusement représentative de la pratique usuelle des acteurs majeurs présents sur la scène de l'exploitation des sables pétrolifères. La méthode adoptée conduit en effet à donner une représentation problématique des préoccupations des autochtones.

Le principal défaut de cette étude, réside dans le traitement des données qualitatives sur le savoir et les usages traditionnels dans le projet d'exploitation. Ces données se limitent à trois entretiens avec les trappeurs les plus directement affectés. C'est là le cœur du passage sur les conséquences sociales du projet. L'incapacité du consultant à transmettre une information significative s'y révèle capitale. Plutôt que d'élargir leur enquête, les consultants se sont, pour l'essentiel, focalisés sur les effets touchant les hommes détenteurs d'un permis de trappeur. Avec cette méthode d'évaluation, standardisée et rentable, les femmes ne figurent pas. De nombreuses personnes allant et venant sur un sentier de piégeage sont ignorées ; le préjugé sexuel qui conduit à négliger le rôle des femmes dans les pratiques territoriales se trouve conforté.

La fiction de la consultation : les entretiens approfondis avec les détenteurs de permis de trappeur dans les évaluations d'impacts sociaux

La synthèse par Golder Associates des trois entretiens avec les détenteurs de permis de piégeage est révélatrice. On y apprend que, bien que l'emprise de l'exploitation ne fera disparaître, pour chacune des concessions de piégeage, que moins de la moitié des surfaces totales concernées, il s'agit de pistes et de cours d'eau essentiels, ainsi que des portions les plus riches des zones. En outre les trappeurs y expriment des craintes liées au bruit, aux accès et à l'atteinte au caractère spirituel ou contemplatif de l'ensemble de leur territoire.

Les consultants de Golder Associates sont chargés de rassembler des informations sur des sujets à forte composante culturelle ; ils ne sont pas capables d'en dégager les problématiques ni de les expliciter, pour les réalisateurs du projet, pour les auteurs des réglementations ou pour le public. Il en résulte un discours blasé ou neutralisé, ainsi qu'on peut le voir dans la naïve litote figurant dans l'exemple suivant :

« *Healing the Land is a major challenge for the ongoing success of Traditional Land Use in the Oil Sands Region* » / Guérir la terre est un défi majeur pour la prospérité durable de l'utilisation traditionnelle du territoire dans la région des sables pétrolifères[1].

Il n'est nulle part précisé ce que la « guérison de la terre » peut impliquer, étant donné l'inexistence de stratégies efficaces de restauration du milieu naturel et la complexité de l'environnement boréal. Pas plus que l'usage, par un autre informateur, du terme « sacré » n'est approfondi ou replacé dans son contexte. Dans ces conditions, comment les décideurs administratifs ou politiques pourraient-ils avoir réellement accès à ce type d'information ? Méthodologiquement et théoriquement, le résultat n'est pas d'un niveau acceptable pour engager une recherche en science sociale.[2]

---

[1] Golder and Assoc, 2002, « Traditional land use assessment », Schell Canada Limited : Jackpine-Phase 1. Volume 6. Chapter 4, pp. 4.1-47.

[2] Westman, 2003.

Néanmoins, de nombreux travaux ethnographiques solides peuvent fournir des informations sur ce sujet[1]. Mais cette compréhension exigerait d'abord un effort de la part du gouvernement, des industriels et des consultants pour dépasser leurs préjugés et mettre en doute leurs hypothèses implicites.

Lavage du poisson dans un camps forestier,
Nord Alberta.
Photo : Clint Westman

[1] Tanner, 1979 ; Brightman, Robert, 2002, *Grateful prey : Rock Cree human-animal relationships*. Regina : Canadian Plains Research Centre ; Goulet, J-G. 1992. *Ways of knowing : experience, knowledge and power among the Dene Tha*. Lincoln : University of Nebraska Press.

dépècement d'un rat musqué,
nord Alberta.
Photo : Clint Westman

Replacer l'utilisation traditionnelle du territoire dans son contexte

Replacer l'utilisation traditionnelle du territoire dans son contexte est le vrai travail à mener lors de la rencontre transculturelle, un défi qui nous invite à re-conceptualiser l'utilisation traditionnelle du territoire comme quelque chose qui n'est pas limité à la chasse ou à la nourriture, mais repose sur les relations familiales, l'apprentissage, la réciprocité et les devoirs. La perspicacité d'un aîné Dené, Frank McIntyre peut nous aider à comprendre le rapport à la terre et la spiritualité traditionnelle sous cet angle :

« *Mon père avait l'habitude de me dire : nous avons besoin de faire une cérémonie de remerciement… tu sais, mon fils, il n'y a personne d'autre que nous ici et tu pourrais penser que nous sommes les premiers hommes à être venus jusqu'ici, mais nos arrières grands-parents sont venus là avant nous. Mon chant va être un remerciement au Créateur et à la Terre Mère qui nous nourrit. Chante avec moi si tu peux. Alors il se met à chanter et je commence à reprendre son chant. Ensuite, il s'interrompt et me demande d'arrêter. Ecoute nos grands-pères et nos arrières grands-pères ! Tu peux les entendre qui chantent avec nous. Dans chaque colline autour de nous et même au-delà, tu peux entendre l'écho. Ne l'entends-tu pas ? Nous ne sommes pas les premiers dans ce pays. Ce sont nos ancêtres, nos grands-parents. Ils étaient déjà là. Je pouvais entendre l'écho tout autour de nous et c'était l'esprit de nos grands-parents et aussi de la Terre Mère qui nous nourrit.* »[1]

Un tel cadre fait coexister, imbriqués, tout à la fois le passé, les générations futures et les personnes non humaines à l'intérieur d'une matrice commune d'utilisation traditionnelle du territoire, qui dépasse de beaucoup la seule production de ressources alimentaires, mais doit en plus honorer de puissants autres.

Sous cet angle, nous pouvons comprendre que l'occupation traditionnelle du territoire est, au moins pour certains autochtones, une condition nécessaire au sens de la vie et non pas un bénéfice accessoire à apprécier le soir ou les week-ends. Si l'on veut intégrer cette façon de penser dans les études d'impacts, il faut dépasser le bricolage des politiques publiques et s'orienter vers une approche des savoirs qui permette aux autochtones de parler avec leurs propres mots. «Une contextualisation graduelle », la construction d'une compréhension de ces façons de penser, basée sur le respect et l'écoute ainsi que des méthodes et données ethnographiques rigoureuses[2] constitueraient le premier pas vers un repositionnement de l'évaluation des impacts sociaux comme outil d'une politique publique apte à défendre les droits territoriaux des autochtones.

---

[1] Cité dans : Cardinal, Harold and Walter Hidebrandt. 2000. *Treaty elders of Saskatchewan : our dream is that our peoples will one day be clearly recognized as nations*. Calgary : University of Calgary Press.

[2] Vayda, 1993.

Une étude d'impact peut alors avoir la forme d'un récit de l'effacement de l'utilisation traditionnelle du territoire et du savoir environnemental traditionnel devant l'avènement de la science et de l'industrie. Entre autre, ce récit fait passer le message que le projet de mine *va* aller de l'avant, plutôt qu'il ne recherche des informations sur ses impacts *si* il se concrétise. L'utilisation traditionnelle de la terre appartiendrait au passé, et devra être remplacée, dans une large mesure, par des emplois salariés, bien que cela ne puisse être une alternative durable à long terme puisque la mine finira par s'épuiser et par disparaître définitivement. Ce récit est calqué sur celui du triomphe général des supposés modes de productions les moins durables sur l'économie des chasseurs-cueilleurs. Selon cette conception, l'accumulation des impacts sur l'utilisation traditionnelle du territoire n'est qu'une des composantes du progrès.

Si nous voulons commencer à comprendre l'utilisation traditionnelle du territoire des autochtones et les savoirs traditionnels, nous devons remettre en question ces trames narratives qui suggèrent implicitement que la chasse appartient à un passé révolu et que le pétrole est le futur.[1] Pour sa part, cet article conteste à la fois les conclusions tirées par les consultants en évaluation des impacts sociaux, à savoir que l'exploitation des sables pétrolifères est d'intérêt public, et les méthodes et la posture interprétative induisant ces conclusions.

[1] Cf. Asch, 1990.

Pose d'un piège, nord Alberta.
Photo : Clint Westman

La recherche pétrolière au Groenland*

Rasmus Ole Rasmussen

Introduction

Le Groenland - ou plutôt *Kalaallit Nunaat* en Groenlandais - est la plus grande île du monde. Située dans l'Atlantique Nord et d'une surface de 2 166 millions km^2, elle fait partie du royaume du Danemark. Sa capitale est Nuuk (Godthab). La géographie physique du Groenland est marquée par la présence d'une calotte glacière imposante, dont la taille n'est dépassée que par celle de l'Antarctique. Des fjords longs et profonds découpent les côtes est et ouest selon une configuration complexe. L'influence du Gulf Stream sur le climat de la côte ouest et sur l'environnement marin est très favorable à une faune marine (crustacés, poissons, mammifères marins, oiseaux) de laquelle les hommes dépendent pour leur existence depuis la préhistoire et jusqu'à aujourd'hui.

Sur une population totale de 56 901 habitants (en 2006), plus de 88% des résidents sont natifs du Groenland et 12% sont des immigrés, majoritairement danois. Les Groenlandais sont principalement d'origine Inuit (ou Eskimo) avec une importante influence d'inter - mariages avec les premiers immigrants européens. La dispersion de la population est élevée. La majorité, à peu près les quatre cinquièmes, est répartie entre 18 municipalités, plus de 60 villages accueillant le reste.

L'économie groenlandaise repose sur la pêche et les transferts financiers provenant du Danemark. La chasse au phoque qui dominait autrefois l'économie a été remplacée, après son déclin radical du

* Article traduit de l'anglais par Ruben Ter Minassian, révisé par S.Dreyfus-Gamelon.

début du XXe siècle, par la pêche et une industrie agroalimentaire provenant des crevettes, du flétan, de la morue et d'autres espèces marines.

En ce qui concerne la situation actuelle de l'exploitation pétrolière, la question-clé est celle du statut de Gouvernement autonome (*Home Rule Government*) et donc celle des débuts de l'autonomie, en 1979.

L'autonomie de gouvernement

Le premier pas vers l'abolition du système colonial a été en 1953 l'amendement modifiant la Constitution danoise. Deux sièges au Parlement danois ont été accordés au Groenland qui a, dans le même temps, été intégré au Royaume. Cet amendement n'a pas été qu'un changement formel de la structure administrative mais a constitué un réel point de départ pour le développement du Groenland et un élément de l'abolition des relations coloniales qui a donné aux groenlandais un statut identique à celui des autres sujets danois.

En 1964, le « *Gronlandsradet* » - *Greenland Couincil / le Conseil groenlandais* - a été instauré, avec pour mission l'administration et la promotion du développement industriel du Groenland. C'est au sein de cette entité administrative et politique que les projets pour un Groenland doté d'une autonomie de gouvernement ont été débattus et que les moyens pour l'instaurer ont été définis. En 1975, l'administration des collectivités locales a été transférée de l'Etat central aux conseils municipaux. Enfin l'autonomie de gouvernement est devenue une réalité en 1979 avec la création d'un parlement - *Lanstinget* - doté de la compétence législative sur la plupart des sujets concernant les affaires internes. Les nouvelles charges liées à ce transfert de responsabilités en matière administrative, économique et sociale ont été compensées par un transfert budgétaire de l'Etat danois vers le Groenland. Celui-ci prend la forme d'une dotation annuelle versée au gouvernement autonome. Son montant actuel est d'environ 3,5 milliards de couronnes.

Les ressources naturelles

La place de l'exploitation de la richesse en ressources non renouvelables dans la politique publique de développement du Groenland a été une question récurrente, avant et après l'instauration de l'autonomie gouvernementale. En dépit de leur abondance, le niveau de leur exploitation est resté modeste, par comparaison avec d'autres régions arctiques. La combinaison de trois facteurs en est en grande partie responsable :

a) une focalisation sur les ressources renouvelables - le poisson et les mammifères marins - comme base principale du développement ;

b) les fluctuations des politiques publiques en matière d'exploitation des ressources non renouvelables, en raison des risques que cette dernière fait courir ;

c) l'intérêt limité manifesté par les entreprises internationales.

Ces quinze dernières années, le gouvernement autonome a cependant été plus ouvert à l'idée de prendre en compte l'exploitation des ressources non renouvelables (y compris pétrolières) comme alternative à celle des ressources naturelles. Cette évolution vers une attitude plus favorable doit être considérée dans le contexte de l'affirmation nationale groenlandaise et d'un processus menant à une autonomie gouvernementale plus grande : le développement de l'exploitation des ressources non renouvelables et énergétiques est considéré comme un moyen de réduire la dépendance à l'égard de la dotation annuelle versée par le Danemark.

Le contexte général de l'exploitation pétrolière

Les autorités coloniales danoises ont, dès le XVIIIe et le XIXe siècle, tiré parti des ressources minières et pétrolières du Groenland, notamment le cuivre, l'argent, le graphite et la cryolite, mais sur une petite échelle et, pour l'essentiel, par le biais d'entrepreneurs privés. Cependant au XXe siècle, l'adoption par les autorités danoises d'une approche plus systématique a conduit à l'ouverture de mines comme celles de plomb et de zinc à Mesters Vid (Groenland oriental) et de plomb, zinc, argent et marbre à Maamorilik (Groenland occidental).

L'existence de ressources énergétiques était connue depuis longtemps. En de nombreux endroits de l'île de Disko et de la péninsule de Nuusssuaq, des filons charbonniers sont visibles à la surface du sol. L'exploitation commerciale du charbon a été commencée au Groenland en 1924 sur l'île de Disko. Le fonctionnement de la première génération de centrales électriques équipant les villes les plus importantes reposait sur cette exploitation. La sécurité de l'approvisionnement en charbon était une priorité de l'administration coloniale, mais avec la mise en œuvre du plan de modernisation après la seconde guerre mondiale, la question de la rentabilité s'est alors posée. La baisse des prix pétroliers à la fin des années 60 et au début des années 70 est à l'origine de l'arrêt de la production de charbon, décidé en 1972.

Les réserves pétrolières potentielles ont été initialement repérées par les colons danois grâce aux suintements de liquides hydrocarbonés dans les roches de la péninsule de Nuussuaq. Mais c'est la spectaculaire hausse des prix de pétrole au milieu des années 1970 qui sera responsable du démarrage de l'exploration pétrolière offshore au Groenland Occidental. Les premières compagnies à obtenir des licences d'exploration dans une zone de 19 082 km^2 étaient réparties en six groupes dont les têtes de file étaient BP Amoco (Grande-Bretagne), Chevron, ARCO et Mobil (USA), Total (France) et Ultramar (Canada). Les premiers forages exploratoires ont tous été déclarés infructueux. L'exploration a donc été interrompue en 1978. En 1997, un réexamen des données de l'un des forages a cependant révélé des traces d'hydrocarbures, ce qui a mené à une réinterprétation des structures géologique de la région. Mais la situation telle qu'elle se présentait en 1978 ne permettait pas de prédire un démarrage à court terme d'une exploitation de pétrole et de gaz au Groenland occidental.

La découverte des vastes champs pétroliers de la Mer du Nord dans les années 60 et 70 avait attiré l'attention sur les zones *offshore* du Groenland oriental, dotées de structures géologiques similaires. Les premières campagnes de reconnaissance n'ont cependant pas apporté de résultats définitifs. Ainsi peut être résumé l'état du développement de l'exploitation pétrolière et gazière au moment de l'avènement de l'autonomie gouvernementale en 1979.

Les dispositions législatives de l'exploitation pétrolière dans le cadre de l'autonomie gouvernementale

Le Groenland étant devenu un département danois en 1953, la gestion de l'exploitation des ressources non renouvelables y a par la suite obéi aux mêmes dispositions législatives qu'au Danemark. Les potentialités futures du Groenland à cet égard ainsi que le besoin d'adapter les règles de gestion à la spécificité groenlandaise ont cependant conduit en 1960 à la création d'une Commission Mixte Danoise et Groenlandaise pour la régulation des activités minières. A la suite de quoi, la première loi sur les ressources non renouvelables du Groenland a été votée en 1965.

Les années 60 et 70 ont été une période caractérisée par la focalisation du gouvernement danois sur le processus de modernisation, objectif de deux grands plans d'équipement et de développement économique et social, le plan « G50 », élaboré par la « *Gronlandskommissionen af 1950* » (la Commission pour le Groenland 1950) et le plan « G60 » par le « *Gronlandsudvalget af 1960* » (le Comité pour le Groenland 1960). La recherche et la cartographie des ressources potentielles en ont été accélérées. Quand l'autonomie gouvernementale est entrée en vigueur en 1970, le tout jeune gouvernement autonome a fait des ressources renouvelables sa priorité, mais il n'en reste pas moins que la question des droits sur les ressources minérales et énergétiques a été un point-clé des négociations sur l'autonomie. Les groenlandais exigeaient d'être dotés de tous les droits sur tous les types de ressources, mais le gouvernement danois n'a accepté de céder que les droits en matière de ressources renouvelables, sa réponse sur ceux relatifs aux ressources minérales et énergétiques restant ambiguë.

Le cadre législatif de l'exploitation de ces dernières est déterminé par la *Loi sur l'autonomie de gouvernement / Lov om Gronjands Hjemmestyre* et par la *Loi sur les ressources minérales / Lov om mineralske rastoffer i Gronland.* Selon le paragraphe 8 de la première, elles relèvent d'une responsabilité politique conjointe du Danemark et du Groenland. La seconde, dans son paragraphe 20, prévoit que, jusqu'à un seuil de 500 millions de couronnes, les revenus liés à leur exploitation doivent être partagés par moitié entre le Groenland et le Danemark. Au-delà, les proportions doivent faire l'objet de nouvelles négociations.

La structure institutionnelle

L'institution essentielle est le *Comité Mixte des Ressources Minérales du Groenland / Faellesradet vedrorende Mineralske Rastoffer i Gronland)*, un forum danois - groenlandais où se discutent et se négocient les intérêts de chacune des parties. Tous les grands sujets concernant les matières premières minérales ou énergétiques y sont abordés. De même, les lignes directrices s'appliquant à l'exploration, l'exploitation et le partage des revenus y sont déterminées avant d'être présentées aux parlements du Danemark et du Groenland. En résumé, le Comité a la charge d'examiner toutes questions liées aux ressources minières et énergétiques et de faire des recommandations à la fois au gouvernement autonome du Groenland et au gouvernement du Danemark. Il rassemble dix membres issus pour moitié de chacun de ces parlements. Son Président est formellement nommé par la Reine du Danemark, mais conformément à la proposition conjointe des deux gouvernements. Il reçoit pour l'exercice de sa mission l'appui d'un certain nombre d'organismes groenlandais ou danois, tels que l'*Institut Géographique du Danemark et du Groenland / Geological Survey of Denmark and Greenland* (GEUS), l'*Institut National de la Recherche sur l'Environnement / National Environemental Research Institute* et d'autres.

Le siège du Comité mixte était au Danemark, mais depuis le 1er juillet 1998, l'Office des Minéraux et du Pétrole situé à Nuuk est l'autorité responsable pour la gestion de toutes les activités minières ou pétrolières au Groenland ainsi que pour la promotion de son potentiel minier auprès de l'industrie minière mondiale.

Compétences du Comité Mixte des Ressources Minérales du Groenland

Il est de la responsabilité de cet organisme de délivrer les permis, de rendre publiques les nouvelles possibilités et de traiter les demandes d'exploration ou d'exploitation. C'est un guichet unique auquel les entreprises désireuses d'intervenir au Groenland doivent s'adresser, ce qui permet une instruction efficace des dossiers en matière d'activités minières. En outre le Comité contribue au financement et à la mise en oeuvre de nombre de projets dont l'objectif est d'accroître les connaissances sur le potentiel minier du Groenland. Par ce moyen, les autorités cherchent à encourager les entreprises privées, - nationales et internationales - à s'impliquer dans la prospection au Groenland. En 2004, le gouvernement autonome a présenté une stratégie légèrement modifiée dans le but de rendre le Groenland plus attractif pour les entreprises étrangères.

Une question primordiale que soulève l'engagement du capital international dans les mines et les matières premières énergétiques est le niveau de prélèvement gouvernemental ainsi que celle du montant total des royalties que ces activités pourraient générer si elles prenaient de l'ampleur. Aujourd'hui, les taux sont au Groenland d'un niveau équivalent à ceux pratiqués dans des pays comme la Suède, la Norvège, le Chili et l'Afrique du Sud, alors qu'ils sont plus élevés dans des pays comme le Canada et l'Australie. Le Comité mixte vient de recommander de ne pas modifier les conditions actuelles et de n'introduire des royalties ou de les alourdir que lorsque le secteur aura atteint une taille comparable à celui de pays pratiquant des niveaux de royalties similaires. De plus, aussi longtemps que le revenu total reste à un niveau raisonnablement bas, la situation est considérée comme stable et n'appelle donc pas de changements immédiats dans les accords passés avec l'Etat danois.

Les questions les plus importantes restent cependant non résolues : qui devrait posséder les ressources du sous-sol ? et comment serait partagé un éventuel revenu s'il était important ?

Au début de l'autonomie gouvernementale, la question de la propriété du sous-sol a été, plus ou moins, la seule à être restée sans réponse. De nombreux modèles ont été suggérés - par exemple une division à part égale ou une réduction de la dotation au Groenland en fonction des revenus du sous-sol ou des combinaisons variées de ces deux formules. Des différences d'interprétations entre les membres groenlandais et danois du Comité mixte font que les décisions ont été repoussées jusqu'à ce que le montant des revenus dépasse celui des dépenses qu'occasionne la promotion du développement minier et pétrolier. A ce jour, rien n'indique qu'une telle situation advienne dans un futur proche.

La prospection pétrolière au Groenland aujourd'hui : un état des lieux

Plusieurs programmes liés à l'exploitation des ressources énergétiques ont suivi la mise en place du gouvernement autonome. Dans le nord du Groenland, une ambitieuse cartographie a été entreprise entre 1984 et 1987 pour évaluer le potentiel des différentes formations géologiques. Entre 1984 et 1990, l'attention s'est portée de nouveau sur le Groenland oriental, notamment la zone de Jameson Land., où ARCO et Agip avait accumulé 1 800 km de données sismiques. Le gouvernement autonome attendait beaucoup de ces travaux. Afin d'être en mesure de fournir les travailleurs qualifiés dans l'éventualité où des forages seraient entrepris, un programme de formation professionnelle a été planifié, en liaison avec les compagnies pétrolières et les champs de la Mer du Nord pour permettre aux travailleurs d'acquérir une expérience pratique. Les perspectives des gisements ne se révélant pas assez prometteuses, les compagnies se sont retirées.

En 1985, afin d'améliorer ses capacités de contrôle, le gouvernement autonome, en association avec la compagnie nationale danoise du pétrole et du gaz - *Dansk Olie og Naturegas A/S* (Dong) - a fondé *Nunaoil A/S*. Les objectifs de la création de cette compagnie étaient d'encourager et de susciter l'intérêt pour l'exploration pétrolière et gazière par la coopération avec l'industrie pétrolière et d'apporter une assistance opérationnelle aux compagnies pétrolières internationales. En conséquence, *Nunaoil* a été partie prenante de toutes les licences accordées depuis sa création et intervient comme un partenaire en portage dans l'accord de licence. Cela signifie que l'on attend des autres partenaires qu'ils assument tous les coûts et risques liés à l'exploration et au développement de la zone objet du contrat, et qu'ils se remboursent de la charge que représente la part du gouvernement à partir des revenus éventuels de la production. Techniquement, ce mécanisme peut être assimilé à une taxe.

L'une des premières responsabilités qu'ait assumées *Nunaoil* a été le Projet d'exploration sismique en mer Kallaallit Nunaat (*Kalaallit Nunaat Marine Seismic project* KANUMAS), de 1990 à 1996. L'objectif était de rassembler de meilleures données sur la structure géologique générale des zones les plus inaccessibles du nord et de l'est du Groenland. Le financement était assuré par six Majors pétrolières (BP, Exxon, Japan National Oil Company, Shell, Statoil et Texaco). Nunaoil était partenaire en portage et opérateur. Des couvertures sismographiques de 4 071 km au large du Nord-ouest groenlandais, 563km au large du Nord-est et 1 323 km au large du Centre Est ont été réalisées. Leurs investissements procuraient aux compagnies pétrolières des positions préférentielles à l'égard de prospections futures, mais ces campagnes n'ont pas entraîné de développements ultérieurs.

En parallèle, plus de 8 000 km de données sismographiques ont été rassemblées au Groenland oriental et d'anciennes données ont été réinterprétées. On en a conclu que la région avait été prématurément abandonnée, ce qui était corroboré par le fait que des suintements pétroliers avaient été repérés en différents endroits de l'île de Disko, de la presqu'île de Nuussuaq et de la péninsule de Svartenhuk. A la suite de quoi, en 1993, un nouveau forage - Maraat 1 - a révélé des indices clairs de pétrole ce qui a relancé de nouvelles initiatives dans la zone. Une nouvelle série de licences accordées en 1992-1993 et couvrant une partie des zones *offshore* du Groenland occidental n'a pas eu de conséquences pratiques, ce qui explique qu'une politique d'accès libre ait été adoptée en 1994 pour la région du Groenland occidental, à la fois en mer et sur terre.

Cette nouvelle politique a eu des effets. En 1995, des licences pour la zone terrestre de Nuussuaq et Disko ont été accordées à un groupe associant une relativement petite compagnie, Gron Arctic Energy Inc., de Calgary au Canada, comme opérateur et l'entreprise groenlandaise Platinova A/S. Les forages effectués ont été déclarés infructueux à l'exception de l'un d'eux qui a montré la présence d'hydrocarbures. En l'absence de financements supplémentaires, ce groupe a été contraint d'interrompre ses activités.

En ce qui concerne les puits *offshore* initialement jugés infructueux, des études plus récentes ont montré que l'un des forages avait décelé la présence de condensés. Au même moment, la réinterprétation d'anciennes données sismographiques combinées avec de nouvelles campagnes couvrant la zone de Fylla près de Nuuk révéla des structures géologiques prometteuses - les « *flat-spots* ». A la suite de ce résultat positif, une licence couvrant 9 487 km^2 a été accordée à un consortium regroupant Statoil, comme opérateur, Phillips Petroleum et Dansk Olie og Naturgas (DONG) comme partenaires ainsi que Nunaoil comme partenaire en portage.

En 1998, une nouvelle licence de 4 774 km^2 a été accordée au large de Sisimiut au Groenland occidental associant l'opérateur Phillips Petroleum, Statoil et DONG et Nunaoil comme partenaire en portage pour la phase d'exploration.

Lorsque le siège et la direction du Comité mixte ont été transférés à l'Office pour les Minéraux et le Pétrole dans le cadre de l'autonomie gouvernementale, un groupe de travail a été constitué pour réévaluer la stratégie pétrolière. La politique de libre accès a été interrompue pour ce qui est des activités *offshore* au Groenland occidental tandis que l'élaboration de nouvelles stratégies a été programmée pour les activités terrestres. Un appel d'offre de permis en 2001 n'a pas entraîné d'activités additionnelles, mais l'examen de nouvelles données sismographiques a révélé l'existence de ressources potentielles offshore au Groenland occidental, les structures géologiques de cette zone étant liées à des gisements pétroliers avérés au large du Labrador. De ce fait, un nouvel appel d'offres pour le Groenland occidental a été publié en 2002 et la compagnie EnCana s'est vu accordée une licence d'exploration couvrant une surface de 3 985 km2 dans le bassin de Nuuk, sans que cela se soit traduit, jusqu'ici, par des forages. EnCana est une compagnie pétrolière canadienne dont le siège est en Alberta. Elle résulte de la fusion d'AEC, le plus important producteur canadien de gaz naturel et de PanCanadian, le plus grand producteur indépendant de pétrole et de gaz naturel au Canada. Un appel d'offre ultérieur s'est conclu par l'attribution à EnCan et Nunaoil d'un permis d'exploration et de production pour une zone de 2 897 environ 250 km à l'Ouest de Nuuk, la capitale du Groenland.

Courant 2005, NunaOil et EnCana ont poursuivi leurs recherches sismiques et géologiques dans les zones couvertes par les permis. Le produit de l'importante campagne de recueil de données de 2006 de la zone Offshore de Disko-Nuusuaq complète les connaissances des compagnies et devraient fournir à EnCana les éléments nécessaires à sa décision de poursuivre ou non ses activités. Parallèlement, l'Office des Mines a envisagé le lancement d'un nouvel appel d'offre d'exploration et d'exploitation pour 2006.

Selon la *Stratégie pour le pétrole et le gaz du gouvernement autonome / Home Rule strategy on oil and gaz*, une nouvelle programmation des activités futures devait être dévoilée en 2006, qui devait préciser la politique des licences pour la région Disko-Nuusuaq et d'autres zones au sud. De même, la Stratégie traitera de toutes les nouvelles décisions en matière de zones de permis, comme leur statut, leur taille et les conditions d'octroi des permis. Cependant, avant que de nouvelles licences ne soient accordées, des analyses de l'état actuel et des études d'impact environnemental seront réalisées dans la région, de façon à adopter une attitude proactive à l'égard des activités futures. La réalisation de ce type d'analyse est une pratique standard dans la plupart des pays, mais ce serait une première au Groenland.

La position du gouvernement autonome à l'égard de l'exploration et de l'exploitation pétrolière

Dans les années qui ont immédiatement suivi les débuts de l'autonomie de gouvernement, la politique adoptée à l'égard des ressources non - renouvelables était nettement opposée au lancement de nouvelles initiatives dans ce domaine. La conception des responsables politiques groenlandais était claire : c'est sur les bases mêmes des modes de vie traditionnels que la souveraineté nouvellement acquise devait reposer : les ressources renouvelables. En conséquence, plusieurs projets d'exploitation de ressources non renouvelables ont été enterrés.

Pendant les dix premières années de l'autonomie gouvernementale, cette orientation a semblé bien fonctionner. La croissance de la pêche à la crevette et l'augmentation de la dotation du Danemark assuraient une base solide pour le développement. Mais quand la morue, qui avait été l'espèce la plus importante pour l'économie groenlandaise, a disparu en raison de la baisse de la température de la mer, le stock de crevettes a été exploité au maximum et le prix sur le marché mondial a baissé, entraînant une diminution des revenus. La nécessité de trouver des alternatives pour maintenir le niveau de vie dans l'ensemble du Groenland est devenue évidente. Ainsi qu'il est dit dans cet article, l'action du gouvernement autonome pour la promotion d'initiatives liées au développement des ressources énergétiques a été significative. Il a tenté de rendre plus facile l'accès à des données sismographiques importantes et a adopté une attitude ouverte à l'égard des compagnies pétrolières.

Afin de mettre en place une structure d'autonomie gouvernementale nouvelle et moins dépendante de la dotation du Danemark, les ressources non renouvelables - particulièrement le pétrole - sont devenues un élément-clé de la nouvelle réalité politique. Ainsi que l'exposent les documents de la Commission sur l'autonomie de gouvernement, la question d'une base économique, elle aussi autonome, est centrale si l'on désire passer à un niveau d'autonomie de gouvernement plus élevé : « *la dotation et une focalisation exclusive sur l'industrie de la pêche ne laissent au Groenland que peu de possibilités de développer une base économique autonome* ».

Même si la mise en valeur des ressources énergétiques peut faire courir le risque d'un autre type de dépendance, il est tout à fait évident que les groenlandais sont prêts à le courir - en définitive, c'est une situation qu'ils préfèrent à la dépendance actuelle dans leurs relations avec le Danemark. Le discours de Jorgen Waever Johansen, Ministre des mines et du pétrole, lors du colloque de l'*Association des prospecteurs et exploitants du Canada / Prospectors and Developers Association of Canada* (PDAC) à Toronto en mars 2006 en témoigne : « *Compte tenu de tous ces projets, on peut affirmer honnêtement que l'avenir de la prospection minière et pétrolière au Groenland s'annonce prospère !* ».

Le débat

L'évolution des politiques du gouvernement reflète celle qui s'est manifestée au sein de la population en général. Au moment où l'autonomie a été instaurée, il était évident pour tout le monde que le processus de développement devait s'appuyer sur l'exploitation des ressources renouvelables, ceci s'accompagnant d'une référence obligée aux traditions et aux villages, « la colonne vertébrale de l'identité groenlandaise ».

Les limites de ce modèle sont vite apparues et l'exploitation de ressources alternatives est devenue un scénario généralement accepté. La possibilité de création d'emplois qualifiés a séduit. Même si ces emplois ne se sont pas concrétisés dans les années 80, ils ont représenté une préfiguration de ce qui pourrait advenir si du pétrole était découvert.

Mais d'autres éléments ont joué un rôle essentiel de l'exploitation pétrolière comme option à retenir. Le plus important est probablement la création de Nunaoil A/S en 1985. Cette compagnie étant contrôlée par le gouvernement groenlandais et son objectif étant d'encourager la prospection pétrolière par le biais d'une coopération approfondie avec les industriels du pétrole, l'opinion générale était que le Groenland gardait le contrôle du processus. A partir de sa création, Nunaoil a été en effet partenaire de toutes les licences pétrolières accordées au Groenland.

Un autre élément de cette évolution a sûrement été la *Société de technologie du Groenland / Technological Society of Greenland* (INUTEK). Cette association, fondée en 1986, organise des rencontres et des auditions publiques ayant pour objectif de favoriser les contacts interdisciplinaires entre les individus, les institutions et les entreprises impliquées dans les questions scientifiques et techniques au Groenland. Les auditions publiques consacrées au processus de développement pétrolier en cours et visant à séparer le vrai du faux à ce sujet ont contribué de façon significative à rendre les informations de bases accessibles à un public élargi.

Il y a aujourd'hui au Groenland un consensus sur le fait que la mise en valeur des matières premières minérales, pétrolières et gazières est une condition nécessaire à la constitution d'une base économique pour l'avenir du pays. L'opinion est convaincue que le sous-sol en contient des quantités d'importance commerciale et que dans le futur ces matières premières brutes offriront une contribution positive au développement économique, créant des emplois grâce à une plus grande vitalité économique de la société et des entreprises privées.

Cependant, la majorité des groenlandais sont préoccupés par l'insuffisance des lois et règlements en matière d'évaluation d'*Impacts environnementaux et sociaux / Environmental and Social Impact Assessment* (EIA et SIA) et le faible niveau d'accessibilité pour le public de ce type d'informations. Jusqu'ici Statoil est la seule entité à avoir mis ses actes en conformité avec ses ambitions déclarées en publiant une *Evaluation environnementale / Environmental Appraisal* du champ pétrolier de Fylla. Des tentatives visant à constituer un meilleur cadre pour l'information du public ont bien eu lieu, mais elles n'ont pas eu de retombées juridiques.

C'est pourquoi le gouvernement actuel insiste sur le fait qu'avant toute nouvelle attribution de licences, une procédure d'évaluation d'impacts environnementaux et sociaux en bonne et due forme doit avoir été menée, et cela préalablement à la réouverture de la zone. L'étude d'impact environnemental devra être centrée sur les conséquences possibles des activités pétrolières sur l'environnement et sur les communautés locales, en premier lieu pour respecter l'engagement pris à cet égard, mais aussi parce que les évaluations de cette nature sont aujourd'hui une norme internationale et doivent être réalisées préalablement à l'ouverture à l'exploration pétrolière de zones écologiquement sensibles.

Références

Ansøgningsproducer og standardvilkå for efterfirsknings- og forundersøgelsestilladerser for mineraler i Grønlad. Råstodorechtoratet, 1998, 51p.

Bach, H.C., og J Taagholt, 1976; *Udvihlingstendenser for Grønland. Ressourcer og miljø i global sammenhæng.* Nyt Nordisk Forlag, Arnold Buck. København.

Bate, K.J., Whittaher,R.C., Chalmers,J.A. & Dahl-Jenen, T., 1995 : *The Fylla structural complex :possible very large gas reserves offshore southern West Greenland. Rapp.* Grønland geol. Enders. 165, 22-27.

Behendtgoreslse af Lov om mineralshe råstoffer i Grønland. Råstofloven. Miljø-og energiministeriets lovbehendtgorelse nr.368 af juuuuni 1998

Bojesen-Hoefoed, J., Christiansen, F.G., Nytoft, H.P. & Pedersen, A.K., 1999: *Oil seepage onshore West Greenland ; evidence of multiple source rocks and oil mixings.* Un Fleet, A.J. & Boldy, S.A.R. (eds), Petroleum Geology of Northwwest Europe : Proceedings of the 5. Conference on the Petroleum Geology og Nortwest Europe, 305-314.

Chalmers, J.A., Dahl-Jansen, T., Bate, K.J. & Whittaher, R.C., 1995 : *Geology and petroleum prospectivity of the region offshore siythern West Greenland – a summary* ; Rapp. Grønland geol. Unders. 165, 13-21.

Dahl, J. og Lyberth, K. J., 1980: *Grønlandske Migrantarbejdere i Marmorilih 1973-1978 (Greenland migrant workers in Maarmorilik 1973-1978).* Institut for Eskimologi, Københavns Universitet.

http.//www.akvaplan.niva.no/Env/assesments.htm

http.//www.bmp.gl/D/DC2_periodicals/DC2_10aa_1999-BMMPannual-rpt.html

http.//www.bmp.gl/E/index.html

http.//www.nanoq.gl/English/Nyhedre/jwj_tale_messe_troronto_marts 2006.aspx

http.//www.nanoq.gl/Gronlandske_Landsstyre/Raastofdrectoratet.aspx

http.//www.nanoq.gl/Groenlands-dansk_selvstyrekpmmission/Kommissionen/Selvstyrekommissionen/Betaaaaaenhning_afgivet_af_Selvstyrekommissionen/Bilag_5,-c-,_Raastofferne.aspx

Haagen, B., 1977: Qutdligssat. En Hulmine i Grønland (Qutdligssat. A coal mine in Greenland). Om nedlæggelsen af kulbruddet og byen. BH-forlaggg, eget tryk.

Jensen, K., 1998: *Effehter af storskala råstofprojehter i Grønland – med speciel vægt på de beskæftigelsessmæssige forhold (Effects of large scale resource projects in Greenland – emphasizing employment relations).* Rapport om Arbejdesmarkedforhold nr.2, Direktoratet for Sociale Anliggender, Arbejdsmarked og Ofententlige Arbejddder.

Laurutzen, P., 1978: *Den Sorte Engel. Grønlandændernes første Strejke (The Black Angel. The Greenlander's first strike).* Informations Forlag, København.

Nunaoil A/S. The National Oil Company of Greenland. Nunaoil A/S – Company Profile

Olieefterforskning og miljø Vestgrønland. D . Boertmann , A. Mosbech, P. Johansen @ H. Petersen,, Danmarks Miljøundersøgelser, Tema-rapport 17/1998, 1998, 56 pp.

Rasmussen, R. O., 2000a *Erhvervs-og arbejdsmæssige konsekvensssse al olie og gasproduktionen i Alasha (Business and labour consequences of oil and gas production in Alaska).* Arbejdspapier nr. 164, NORS-shrifter nr.51, Roskilde Universitetscenter.

Rasmussen, R. O., 2000b: *Erhvervs-og arbejdsmæssige konsekvensssse al olie og gasproduktionen i Østcanada (Business*

and labour consequences of oil and gas production inEast Canada). Arbejdspapier nr. 162, NORS-shrifter nr.49, Roskilde Universitetscenter.

Rasmussen, R. O., 2000c: *Langtidshonsekvenser af Greenex minen ved Maarmorilik Uumannaq Kommune (Long term consequences of the Greenex Mine at Maarmorilik un Uumannaq Municipality – part 1 : history, Employement and mobility).* Arbejdspapieirer nf.163 NORS-shrifter nr.50, Rollihe Universitetscenter.

Rasmussen, R. O. og Jensen , K., 2000 : *Konsekkvenser af storkala rastof og energiprojekter i Arktis (Consequences of large scale resource devlopment and energy production un the Arctic).* Arbejdspapieirer nf.161 NORS-shrifter nr.48, Rollihe Universitetscenter.

Rasmussen; Rasmus Ole and Horoleva, Natalia Eds., 2003 : *Social and Envirionmental Impacts in the North : Methods in Socio-Economy ans Environmental Consequences of Mining and Energy Production in the Arctic and Sub-Arctic.* NATO Sciences Series IV :Earth and Environmental Sciences, Vol 31. Kluwer Academic Publishers, Dordrecht. (526 p.)

Råstofdirectoratet, 1999: *Strategi for den fremtidige kulbrinteefterforshning.* Grønlands Hjemmestyre.

Socio-økonomiske virkninger af råstofudvinding. *En indledende kortlægning og forslag til vedere arbedje.* Rapport fra udvalget om Socio-økonomiske virkninger af olie- og gasudvinding samt mineralindustri, Råstofkontoret 1997, 34 pp + bilag

Sørensen, A.K., 1983 ; Danmark-Grønland i det 20. århundrede – en histrorisk oversigt (Denmark-Greenland in the 20th century – an overview. Nyt Nordisk Forlag Arnold Busbk.

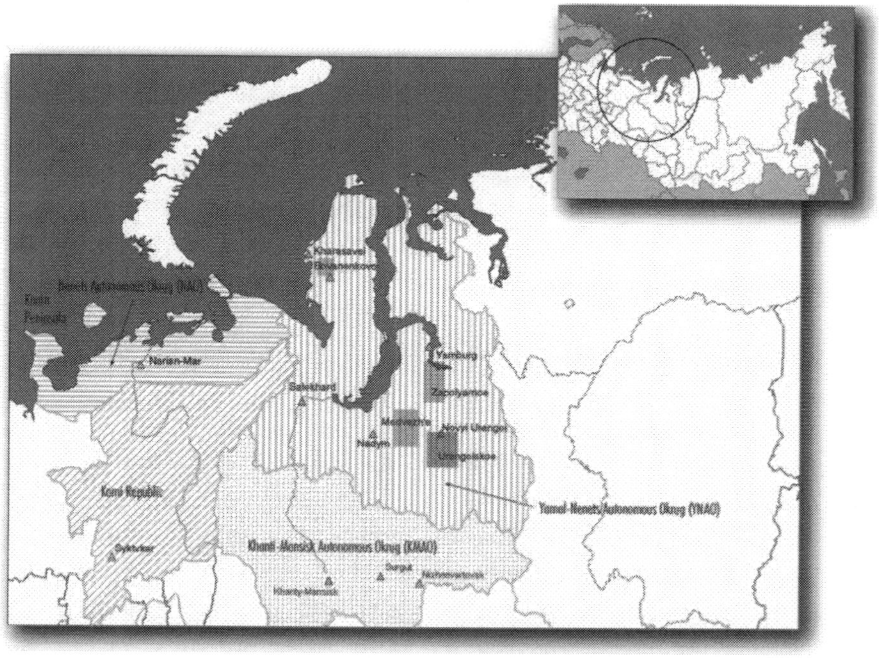

Développement de l'exploitation du gaz et du pétrole en Sibérie occidentale et dans la province de Timan-Pechora*

Florian Stammler et Bruce C. Forbes

Introduction et arrière-plan

L'effondrement de l'Union soviétique a conduit à une restructuration drastique des économies de la Russie et des territoires environnants au cours des années 1990. Il est clair que la Russie a acquis une nouvelle position géopolitique sur la scène mondiale dans les premières années du XXIe siècle. Elle est redevenue un puissant partenaire commercial, en particulier comme source majeure d'énergie pour le marché mondial. L'approvisionnement en gaz et en pétrole du

* Traduction de l'anglais par Dreyfus-Gamelon S.

Moyen-Orient et du Venezuela étant de moins en moins sûr, l'attrait pour les vastes réserves de combustibles fossiles du Grand Nord s'est accru considérablement. De fait, le pétrole et le gaz sont parmi les industries les plus stables et les plus développées du nord de la Russie et constituent son plus important secteur économique. Première productrice et exportatrice mondiale de gaz naturel et deuxième (en 2004, après l'Arabie saoudite) productrice et exportatrice de pétrole, la Russie cherche de nouveaux marchés hors d'Europe, alors que les Etats-Unis, le plus gros consommateur mondial, ne veulent plus dépendre de régions riches en pétrole mais politiquement instables.

La Russie s'active pour sécuriser les investissements nationaux et internationaux qui permettront la fourniture de gaz et de pétrole à l'Europe, à l'Asie orientale et même à l'Amérique du nord. Celle-ci sera assurée par un réseau d'oléoducs et de gazoducs terrestres et sous-marins traversant l'Europe centrale et orientale et par le trafic des bateaux-citernes à travers la route maritime du nord. Les principales zones de production sont les champs de pétrole géants de la *Région autonome des Nenets / Nenets Autonomous Okrug* (NAO), de la *Région autonome Khanti-Mansiik / Khanti-Mansiik Autonomous Okrug* (KMAO) et celle des champs "super" géants de la *Région autonome Yamal-Nenets / Yamal-Nenets Autonomous Okrug* (YNAO). Des ressources importantes se trouvent aussi dans la *République des Komi / Komi Republic* (KR). Toutefois, presque toutes les réserves de gaz et de pétrole connues en Russie européenne proviennent de la province de Timan-Pechora dont la partie septentrionale est située dans le NAO, région pétrolière à la croissance la plus rapide, champ de bataille entre la politique de la Fédération et les compagnies pétrolières dans et hors de Russie.

Les infrastructures industrielles, qui s'étendent rapidement dans toute la Russie du nord, marquent profondément les économies et les peuples de la région, particulièrement les autochtones traditionnellement éleveurs de rennes, chasseurs-cueilleurs et pêcheurs. L'élevage des rennes est une ressource biologique d'importance vitale pour la survie des résidents de l'Arctique eurasien. L'exploration et l'exploitation du pétrole procurent des bénéfices et de la richesse, mais elles ont aussi des conséquences directes et cumulatives sur les écosystèmes et les cultures tout au long de la route qui va du gisement au marché (Forbes 2004). Les conséquences de la longue histoire de l'extraction du gaz et de pétrole dans ces régions ont atteint maintenant un seuil critique. Dans la KMAO, les terrains de chasse et les pâturages de rennes ont été lourdement contaminés à l'époque soviétique et dans la YNAO l'accaparement de terres pour les infrastructures industrielles a repoussé un nombre croissant d'animaux vers de plus en plus petits "pâturages" de la toundra. On assiste à la désertification de certaines zones et, selon des chercheurs russes, on va vers un sérieux déclin de la quantité et de la qualité des pâturages convenables pour les rennes dans la toundra. Durant la même période, les autochtones nenets ont été exposés à de nouveaux dangers sanitaires et démographiques, directement liés au développement industriel.

L'importance de la fourniture de gaz russe

Actuellement, la Russie fournit 25% de la production mondiale de gaz naturel. 90% du gaz naturel ainsi que 60% du pétrole proviennent de la Sibérie occidentale. Les compagnies russes espèrent qu'en 2010 elles couvriront 10 à 15% de la consommation de pétrole brut des Etats-Unis. Ceux-ci dépendent fortement, et de plus en plus, du pétrole et du gaz russes. En 2005, l'Union européenne a reçu de la Russie 25% de son pétrole (30% de toutes ses importations) et 25% de son gaz (50% de toutes ses importations). Cependant, la dépendance de chaque nation européenne vis-à-vis de la Russie est très variable. Par exemple, la Finlande dépend à 100% du gaz russe tandis que la France (en raison de ses liens traditionnels avec l'Algérie) n'en importait que 24% (en 2004). Plus de 60% des revenus russes de l'exportation proviennent de l'énergie et la plupart d'entre eux de l'exportation vers l'Union européenne.

Présentation des régions productrices

La **Région Autonome des Yamal-Nenetz (YNAO)** recouvre un territoire de 750 300 km^2, d'une longueur de 1 200 km. du nord au sud et large de 1 130 km. d'est en ouest. Dans la langue nenets *yamal* signifie à peu près "la fin de la Terre" ou la "fin des terres". Les terrains, pour la plupart, y sont considérés comme assez ou extrêmement instables et peu favorables au développement d'infrastructures industrielles (routes, ponts, gazoducs, etc). Les besoins des Nenets sont principalement couverts par l'élevage de rennes ; au bord des lacs, rivières ou baies, une pêche de subsistance est également importante.

Aujourd'hui la YNAO est, dans le monde, la région la plus productive dans l'élevage de rennes avec 556 000 têtes de bétail et environ 13.000 éleveurs nomades, surtout nenets outre des familles komi et khanty. Les gisements de gaz découverts sont les plus vastes au monde aussi bien ceux qui sont déjà en exploitation comme Medvvezhee près de Nozyi Urengoi et Zapolyarnoe près de Yamburg que ceux qui ne le sont pas encore comme Bovanenkovo, Kharaasaveei et la baie de l'Ob. Depuis les années 1970, l'industrialisation a amené un afflux de populations du sud qui a fait tomber le chiffre des autochtones au-dessous de 7% du total.

Dans la toundra, les rennes se rassemblent, les bergers regardent ensemble le troupeau une grande partie de l'année.
Photo : Florian Stammler

Groupes ethniques de l'ensemble des régions selon le recensement de 2002 :

41 454 Nentsy, 28 773 Khanty, 15 607 Komi-izhemtsy, 11 432 Mansi, 4 367 Sel'kup

La **Région Autonome Khanty-Mansiisk (KMAO)** au sud de la YNAO est la plus grande région russe d'extraction pétrolière. Avec un territoire de 534 800 km^{2}, elle se trouve au centre de l'immense bassin humide de Sibérie occidentale et est entièrement couverte d'une dense forêt boréale. Le sol est recouvert d'un lit de lichens compact, excellent pour faire paître les rennes. La capitale, Khanty-Mansiik, est au confluent de deux grands fleuves, l'Ob et l'Irtysh. Les autochtones Khanty et Mansi vivent traditionnellement de chasse et de pêche et d'un petit élevage de rennes. Le poisson est la nourriture principale de la plupart des habitants de la taïga. Depuis la chute de l'Union soviétique, il y a une tendance, encouragée par l'administration régionale, à reprendre un élevage privé de rennes.

Après la seconde guerre mondiale, le gouvernement soviétique s'est intéressé à la région pour ses ressources pétrolières dont l'exploitation a commencée dans les années 1960 dans les champs pétrolifères de Samotlor, près de Nizhhnevartovsk et de Federovskoe, près de Surgut. L'afflux d'ouvriers a fait tomber le chiffre des habitants autochtones à moins de 2%. Toutefois, grâce au financement du gouvernement régional, ce chiffre augmente de nouveau (environ 3000 personnes ont été recensées mais leur nombre réel doit être considérablement plus élevé) ainsi que le nombre de rennes des élevages privés (environ 14 000). Le KMAO est unique par sa législation des droits territoriaux autochtones qui ont été reconnus sur environ 1/3 du territoire (voir ci-dessous "droits territoriaux").

Il faut mentionner que la KMAO et la YNAO sont renommées en Russie pour la relative préservation des modes de vie autochtones. Les Khanty, Mansi, Nenets, Komi-izhemtsy et Sel'kup sont des pêcheurs, éleveurs de rennes et chasseurs encore nomades ou semi-nomades. Les deux régions alimentant l'économie russe, des représentants autochtones d'autres provinces ont, à plusieurs reprises, fait valoir l'exemplarité de ces deux cas pour montrer la possibilité de la coexistence entre l'industrie extractive et les économies de subsistance (par ex. Peskov 2003).

La **Région Autonome Nenets (NAO)** appartient au district du nord-ouest de la Fédération de Russie. Ce territoire de 176 700 km^2 se situe entièrement au nord du cercle arctique.

La NAO a une population permanente de 48 000 habitants dont la moitié vivent dans la capitale régionale Naryan mar. Les autochtones nenets représentent 14% de la population permanente, 70% du territoire sont classés comme pâturages de rennes. Le nombre d'animaux a décru légèrement depuis la fin de l'Union soviétique mais pas de façon aussi désastreuse que dans l'extrême-orient russe. En 2005, les Nenets et les Komi élevaient officiellement 120 000 rennes dans les quatorze entreprises qui ont succédé aux kolhozes et sovkhoses soviétiques. Les communautés autochtones (*obshchiny*) sont de plus en plus appréciées comme représentant une nouvelle forme institutionnelle valable pour les économies traditionnelles. L'élevage de rennes est l'occupation principale d'environ 2 500 personnes dont 1 500 vivent dans la toundra. Mais presque toute la vie des communautés de la NAO est liée à l'élevage de rennes car la plupart des villages sont des centres d'élevage. En outre, des groupes venus de la République Komi émigrent, quand leurs terres sont isolées, de la côte de la mer de Barents aux pâturages d'été de la NAO. Plusieurs de ces routes de migration croisent de grands gisements de pétrole.

Les régions de la Sibérie occidentale se sont trouvées continuellement, et de plus en plus, liées à la Russie centrale par leurs infrastructures, particulièrement par le chemin de fer. Dans la NAO, il n'y a toujours pas de ligne directe, le gaz et le pétrole sont transportés par gazoducs, oléoducs, chemin de fer ou, par petites quantités, par bateau depuis les gisements côtiers de la mer de Barents et de la mer de Kara. Les plans en vue d'utiliser la route maritime du nord gagnent du terrain depuis quelque temps, en prévision du possible retrait des glaces dans les prochaines décennies.

L'élevage de rennes dans la NAO est toujours nomade dans les parties orientales de la région - appelées *bolshezemel'skaia tundra* - où se trouvent la plupart des puits de pétrole, et sur la partie occidentale de la péninsule de Kanin. L'exploitation du pétrole a démarré dans les années 1970 au moment de l'ouverture à l'exploitation du bassin de Timan. Les compagnies occidentales sont très tôt entrées dans la NAO. La première *joint venture*, la *Northern Lights Company* entre Conoco et Arkhangelskgeologia, fut établie en janvier 1991 pour exploiter le gisement d'Ardalin. Les pompages ont commencé en août 1994. C'est le plus vieil accord d'exploitation en continu ; 25 000 barils en moyenne sont produits par jour. Alors que pour beaucoup cet accord était un exemple de bonne pratique (Tuisku 2002), des faits désagréables ont attiré l'attention, en 2003, lorsque l'écoulement du pétrole a pollué la rivière Kolva et que sa concentration dans le foie des poissons a quintuplé.

Coexistence à l'époque soviétique et son héritage

Pendant des siècles, les ressources du Grand Nord ont constitué la colonne vertébrale de l'économie russe. A l'époque tsariste les revenus monétaires les plus importants de l'empire provenaient de la vente de fourrures sibériennes à l'Europe occidentale. Au XXe siècle, elles furent remplacées par les ressources d'origine minérale. Dans l'économie soviétique planifiée, celles-ci alimentèrent les budgets du développement et de la compétition durant la guerre froide. Elles avaient aussi un aspect socio-économique : "maîtriser le nord", *osvoenie severa,* signifiait aussi prouver la supériorité de l'homme - particulièrement de l'industrie soviétique - sur la nature. De nombreuses villes nordiques de la Russie contemporaine furent construites comme des monuments à la gloire de la maîtrise soviétique des conditions naturelles extrêmes. L'industrialisation soviétique, notamment dans les régions productrices de gaz et de pétrole, a créé un grand afflux de main-d'œuvre du sud vers le nord.

Le savoir des anciens reprend de l'importance lorsque les éleveurs Nenets rassemblement en communauté de parenté.
Photo : Florian Stammler

Les migrations à l'intérieur de l'Union soviétique, induites par l'Etat, ont retourné la situation démographique faisant, après les années 1970, des autochtones des minorités alors qu'ils étaient majoritaires dans la première moitié du XXe siècle (Shapalin 1965).

Les économies autochtones, telles que l'élevage de rennes, furent collectivisées, organisées selon le modèle soviétique unique. Les sovkhoses furent institués pour incorporer les économies de la toundra et de la taïga dans le mode de développement industriel soviétique. La viande de renne était un produit local comparativement bon marché et les sovkhoses produisaient conformément aux normes soviétiques.

La coexistence de différents usages de la terre fut étroitement gérée sous le contrôle de l'état, les planificateurs gouvernementaux étant responsables à la fois des ressources minérales et des économies autochtones. De fait, les deux domaines économiques étaient organisés de la même manière. Etant des "institutions sociales totales" (Humphrey 1995), ils dépendaient du même département, des mêmes responsables et des hiérarchies imposées par les autorités planificatrices centrales, unis par la conception d'un développement général coiffant tout. Cette approche unificatrice visait à élever tous les peuples et toutes les cultures à un niveau de vie standardisé, celui du "peuple soviétique unifié" (*edinyi sovetskii narod)*. A l'intérieur de ce "méga" groupe les identités et les cultures étaient manipulées par le tout puissant état soviétique.

A l'intérieur de ce modèle unique de développement, on envisagea la coexistence de l'exploitation gazière et pétrolière avec l'élevage, la pêche et la chasse. Les économies autochtones furent considérées comme devant en partie subvenir aux besoins des travailleurs importés pour l'exploitation des ressources minérales. Vitebsky (2005) considérait la toundra russe comme une usine à viande géante, à ciel ouvert, avec les éleveurs comme travailleurs industriels.

L'héritage du modèle soviétique a eu une influence considérable, pendant la période post-soviétique de transition, dans les relations entre l'Etat, l'industrie et les autochtones. Les éleveurs de rennes et les pêcheurs étaient accoutumés, sous le régime soviétique, à avoir des relations de coopération et à commercer avec les ouvriers sur les gisements. Pendant la difficile période de transition de la *perestroika*, les gens de la toundra bénéficièrent de la relative stabilité des fournitures de marchandises par les compagnies.

Malgré certains aspects positifs de la coexistence pour les minorités du nord, le développement industriel soviétique a causé de terribles dommages aux moyens d'existence autochtones. Le manque de conscience écologique en Union soviétique et la dégradation, l'absence de protection et la pollution des pâturages, des terrains de chasse et des zones de pêche affectent toujours les usages locaux des territoires. Par exemple, dans la région Khanty-Mansiik, beaucoup de communautés furent déplacées à cause du pétrole dont l'exploitation a causé d'immenses dommages environnementaux. Dans la période post-soviétique, ces dommages se sont accrus rapidement parce que des mesures préventives ou réparatrices furent reportées ou jamais prises.

Les fuites de pétrole pourraient être évitées si les oléoducs étaient soigneusement surveillés et réparés quand nécessaire. En 1999, on a estimé à plus de 45 000 km la longueur de l'oléoduc qui devait être remplacé. Au XXIe siècle, les compagnies et l'Etat ont entrepris des améliorations significatives et le chiffre est tombé à 3 257 km. d'oléoduc nécessitant le remplacement (KMAO, 2005 : 76f). Un autre problème urgent concerne les fuites de gaz qui s'enflamment et émergent à la surface durant l'extraction du pétrole. En 2002, plus de six milliard de mètres cubes (6 133 840 000 m^3) de gaz prirent feu (KMAO 2005 : 79). Récemment, les compagnies essayèrent d'utiliser ce gaz dont l'embrasement change considérablement le climat local.

Actuellement, les éleveurs et les chasseurs déclarent avoir des problèmes avec d'anciens dépôts de déchets dans la toundra qui n'ont pas été enlevés après la chute de l'Union soviétique. Les fuites de pétrole recueillies et stockées dans des bassins à côté des forages causent des problèmes si les compagnies ne les nettoient pas. Le pétrole ne gelant pas, même lors des hivers très froids, les rennes tombent dans ces bassins et ne peuvent être secourus.

Droits territoriaux et renforcement du pouvoir des autochtones après la chute de l'Union soviétique

Lors des quinze dernières années, les peuples autochtones du nord de la Russie sont devenus politiquement très actifs, créant leurs propres associations et jouant un rôle sur la question des droits de l'homme dans l'arène internationale. Cette montée en puissance des autochtones est étroitement liée à l'exploitation du gaz et du pétrole car il devenait pressant d'établir leurs droits dans des régions où l'extraction avait conduit à des dommages et à des déplacements au cours de l'époque soviétique. Dans la KMAO, l'association *Spasenie*

Le berger de renne Yuri Vella contrôle un lac d'huile près du pacage de ses rennes. Il perd régulièrement des rennes lorsque les déversements d'hydrocarbures ne sont pas nettoyés et l'activité industrielle non clôturée. La situation s'est améliorée depuis la fin des années 1990. Nizhnevartovskii raion, Khanti-Mansiisk AO. Photo : Florian Stammler

Yugry fut la première du genre en Russie, suivie bientôt de *Yamal Potomkam!* dans la YNAO (1989). Aujourd'hui ces deux organisations sont des membres actifs de l'*Association Russe des Peuples Autochtones du Nord / Russian Association of Indigenous Peoples of the North* (RAIPON). Dans la NAO, l'association *Yasavey* a acquis un statut politique important avec le droit de proposer une législation régionale. *Yasavey* est aussi fortement impliquée dans des projets internationaux, en partenariat avec des ONG occidentales comme IWGIA.

Les droits sur la terre sont au centre des préoccupations. A la différence de la situation en Alaska ou au nord Canada, toutes les terres, en Russie du nord, sont propriété de l'Etat et les droits territoriaux autochtones ne sont reconnus comme tels que dans un nombre limité de cas. Depuis 1999, cependant, grâce à l'activisme des autochtones et à l'implication d'anthropologues russes, trois lois fédérales concernant les minorités autochtones ont été adoptées. La première garantit les droits des minorités autochtones, la deuxième stipule la création et les tâches d'entreprises autochtones communautaires (*obshchiny*) et la troisième concerne les *territoires d'usage naturel traditionnel / territorii traditsionnogo prirodopol'zovania*). Théoriquement, ces lois donnent un fondement à la continuation des activités économiques autochtones dans le Nord et les protègent contre le développement industriel. Cependant, la mise en pratique de ces lois, sur le terrain, est loin d'être satisfaisante car il faut que les administrations régionale et municipale prennent des décrets légaux pour stipuler les détails de leur mise en oeuvre.

Jusqu'à présent, la KMAO a la législation la plus avancée sur les terres autochtones. Avant 2001, 477 *territoires claniques / rodovye ugod'ia*) étaient enregistrés dans l'okrug (région autochtone). L'adoption, en 2001, d'un nouveau code fédéral des terres a stoppé de nouvelles applications. Actuellement ces "territoires claniques" sont enregistrés comme territoires d'usage naturel traditionnel. Environ 4000 autochtones y vivent et y travaillent sur environ 14 millions d'hectares (presque le tiers de la surface de l'okrug). Les 477 chefs de maisonnées ou de communautés ont le droit de faire usage de la terre conformément à leurs traditions et de la transmettre à la génération suivante. L'industrie extractive a obtenu des permis sur 6 700 km^2 à l'intérieur des territoires claniques (KMAO 2.005 : 63) ; en échange, elle doit payer des compensations et procéder à des investissements sociaux. L'association des autochtones de la KMAO (*spasenie yugry)* a produit le modèle des contrats entre compagnies pétrolières et possesseurs de titres de propriété sur les terres. Ces contrats sont régulièrement renouvelés et stipulent principalement les compensations et l'assistance que la compagnie doit accorder aux unités familiales participant de l'économie autochtone de la taïga.

Alors que certains représentants prennent le cas de la KMAO en exemple (Peskov 2003), un tel modèle attribuant la propriété de la terre à des individus ou à des familles étendues est, de fait, beaucoup plus difficile à appliquer dans les zones de toundra où les éleveurs de rennes sont très mobiles. Là, les parcelles ne peuvent être clôturées, l'accès aux pâturages est essentiel au maintien de la souplesse du pastoralisme qui doit s'adapter au climat variable et à l'environnement du grand nord. Par exemple, les éleveurs nomades de la Péninsule de Yamal se déplacent de plus de 1 000 km par an avec leurs familles et leurs troupeaux. Restreindre leur accès aux pâturages en assignant des droits territoriaux aux individus détruirait leur style de vie nomade, basé sur un usage flexible et extensif de la terre. Ces exemples, et l'expérience nord-américaine, montrent que la question des droits sur le territoire a été et doit toujours être traitée de façon très diversifiée, en considérant les particularités de l'ordre administratif, de l'histoire de l'Etat et les traits régionaux spécifiques de l'usage des terres par les autochtones.

Des bergers portent de la viande de renne fraîchement abattue dans un camp de travail sur un gisement gazier pour la vendre au troc, Péninsule Yamal.
Photo : Bruce C. Forbes

Coexistence entre l'économie autochtone et l'industrie extractive au XXIe siècle

Basées sur l'héritage soviétique et la récente montée en puissance des autochtones, les relations entre l'industrie et les communautés locales sont très diverses en Russie, y compris dans les trois régions étudiées dans cet article.

Trois importants facteurs influencent les relations entre les acteurs : le rôle de l'Etat, la présence des compagnies pétrolières multinationales et le niveau de la montée en puissance autochtone dans la région. Analysés ensemble, ces trois facteurs déterminent les capacités de chaque partie dans l'action collective quand arrive le moment de la consultation et de la négociation active sur la coexistence mutuelle (Stammler & Wilson 2006).

La KMAO, au cours de la longue histoire de l'extraction pétrolière, a vécu une grande stabilité politique depuis la fin de l'Union soviétique, ayant le même gouverneur depuis plus de dix ans. Cette continuité a donné de la force à une administration régionale qui exerce un contrôle sur la totalité des sphères économique et sociale de la région. Elle coopère étroitement avec l'industrie pétrolière pour organiser leurs inter-relations et réguler l'usage des ressources de haut en bas. Les partenariats avec les pétroliers se sont développés au cours de décennies, les compagnies russes étant les principales exploitantes; Surgutneftegaz, Yukos et son successeur, TNK-BP et Lukoil sont les plus grosses. Toutes ont démarré leurs activités avec la KMAO. L'implication internationale ne devint significative qu'après la fusion de TNK et de BP. Les normes internationales, les législations et les pratiques de dialogue, la consultation et l'évaluation des conséquences de l'exploitation ont, jusqu'à présent, peu d'influence dans cette région.

Les relations entre l'association autochtone *Spaasenie Yugry* et l'administration régionale sont très étroites. L'association est financée par le gouvernement et ses représentants travaillent beaucoup, avec le parlement régional, sur la législation concernant les autochtones et l'utilisation des ressources. Ce qui a conduit à la situation actuelle avec titres sur les terres, procédures de consultation et compensations, que nous avons mentionnée.

Les relations dans la YNAO sont organisées de façon similaire. 90% du gaz est extrait par Gazprom, compagnie étatique de fait. Sibneft, la plus grosse compagnie pétrolière, est aussi contrôlée par l'Etat. Depuis des années, les compagnies internationales ont essayé d'être plus actives dans la région. Le plus réussi, au sens économique, est le partenariat entre Gazprom et les compagnies allemandes Eon Ruhrgas et BASF. Les tentatives de Shell pour mettre un pied dans l'exploitation du gisement géant de gaz de zapolyarnoe au nord-est de Yamal ont été moins heureuses, n'ayant abouti qu'à des accords d'intention. Les liens entre l'association autochtone *Yamal Potomkam!* et l'administration régionale sont également très étroits. Le Président du parlement de YNAO, Sergei Kharutchi, est aussi l'un des fondateurs du mouvement autochtone. Il est actuellement président de RAIPON.

Tant dans la région KMAO que dans la YNAO, les associations autochtones peuvent être appelées GONGOs (*Government-Organised Non-Governmental Organisations / Organisations gouvernementales Non-Gouvernementales)* plutôt qu'ONG, au sens habituel du terme. Une telle situation aboutit, dans les deux cas, à la standardisation des relations entre l'Etat et les usagers de la terre, laissant peu de place aux arrangements individuels ou collectifs partis de la base. Cependant, de forts partenariats avec une administration puissante, ont de meilleures chances de mettre en œuvre efficacement ces législations et ces accords qu'ils ont pour tâche de développer.

Dans la NAO, la situation a été différente. Depuis la *perestroika*, le gouvernement est affaibli et les usagers des ressources sont nombreux et divers. La NAO est l'une des régions qui a connu les premières *joint ventures*, avec des compagnies étatsuniennes, françaises et finlandaises actives dans l'exploitation du pétrole de Timan-Pechora depuis de nombreuses années dont les plus importantes sont Conoco Philips et Total Fina Elf. La plus grande compagnie pétrolière de la NAO est Naryanmarneftegaz qui est récemment entrée dans une *joint venture* avec Lukoil et Conoco Philips.

Les relations internationales ont aussi joué un rôle significatif dans la montée en puissance des autochtones de la NAO. L'association Yasavey a utilisé ses contacts avec les organisations internationales comme la *Banque Mondiale*, la *Banque Européenne pour la Reconstruction et le Développement* (BERD) et avec des ONG comme IWGIA. Les autochtones trouvent des financements et sont fiers de ne pas être entièrement dépendants de leur administration régionale. Ceci a influencé la façon dont ils ont noué des relations avec l'industrie extractive. Ils exigent que celles-ci soient conformes aux politiques environnementales et aux rapports avec les autochtones définis par la Banque mondiale et la Banque européenne ; ils en attendent de vraies consultations, un dialogue et une aide à l'établissement d'une organisation collective issue de la base pour mener leurs négociations.

Yasavey a tenté de promouvoir un réel dialogue entre les différents usagers en organisant des tables rondes de discussions entre tous les intéressés. L'idée est de les faire se rencontrer dans une atmosphère amicale pour parler hors des contraintes du moment afin d'établir de bonnes conditions pour un dialogue plus formel. De semblables tables rondes se sont tenues à Vladivostok et dans la KMAO mais dans la NAO elles ont mieux répondu aux enjeux résultant des problèmes particuliers des projets pétroliers individuels, surtout en l'absence d'une législation régionale et fédérale claire. Yasavey s'est joint à l'Association des Géologues de la NAO pour mettre sur pied un groupe de travail organisant des tables rondes. Les principes de ces dialogues sont très familiers aux Occidentaux : transparence, neutralité, objectivité, prise en considération des expériences nationales et internationales et pilotage des objectifs de performance (Peskov 2003). La transparence est une caractéristique particulièrement cruciale pour établir des relations de confiance, mais elle est encore complètement absente du contexte du nord de la Russie. Le groupe de travail et les tables rondes sont devenus d'importants instruments pour la résolution des conflits.

Une telle approche "au ras des pâquerettes" ne demande, pour fonctionner, ni une législation élaborée, ni des accords écrits et, par conséquent, peut réagir avec souplesse aux changements de situation et aux besoins des parties en cause. Le modèle de la table ronde peut s'appliquer à d'autres régions où la base légale est insuffisante et l'administration étatique régionale faible, comme ce fut le cas dans la NAO pendant la plus grande partie de la période post-soviétique. Cependant la condition préalable pour un bon fonctionnement est, outre la volonté des intéressés, la présence d'une équipe organisatrice perçue comme suffisamment neutre pour donner la parole à toutes les opinions. Cette condition existait dans la NAO grâce à l'alliance de l'association des autochtones avec celle des géologues; malheureusement ces efforts ne se sont pas poursuivis et l'association des géologues n'est plus, à présent, un partenaire actif. Les compagnies occidentales, bien qu'invitées à participer, étaient réticentes prétendant que leurs propres processus d'activités et leur politique instituée suffisaient à réguler le dialogue. Le plus gros handicap dans l'utilisation de ces moyens de résoudre les conflits et d'instaurer le dialogue était aussi le manque d'intérêt, pour les réunions, de l'administration de la NAO. C'est pourquoi tous les accords issus des tables rondes ont été extrêmement difficiles à faire passer dans les législations ou à mettre en œuvre au niveau des régions. La participation de l'administration aux réunions aurait forcé les fonctionnaires à répondre à la question de la transparence dans la distribution des fonds payés en compensation, par les compagnies pétrolières, et destinés aux investissements sociaux. En l'absence de cette participation, ces questions sont restées sans réponse.

En comparaison de la situation politique de la YNAO et de la KMAO, celle de la NAO a été généralement moins stable ces dernières années car la région a été dirigée par trois gouverneurs différents depuis 2004, tandis qu'en Sibérie occidentale les deux gouverneurs sont restés en place pendant plus de dix ans.

La plupart des villages dans la région autonome Nenets (NAO) étaient des points de rassemblement pour l'élevage le renne pendant la période soviétique, ici Nel'min Nos.
Photo : Florian Stammler

Conclusions

En règle générale, si les questions socio-économiques et politiques ont été soulignées dans cet article, les conséquences écologiques de l'exploitation du pétrole n'ont pas été sous-estimées. On espère que les graves erreurs commises à l'époque soviétique, et tout de suite après dans la KMAO, ne se répéteront pas dans les régions NAO et YNAO où la production en est encore, relativement, à son tout début. Le constat de la dégradation sociale et environnementale durant la phase d'exploration et le développement des premières infrastructures sont très semblables et très préoccupants ; les lois permettant de réduire les effets néfastes sont restées lettre morte pendant des décennies et continuent d'être ignorées. Il y a encore beaucoup de mesures à prendre pour obtenir des améliorations. L'une des principales questions est la tenue de consultations significatives durant la programmation de nouvelles exploitations. Il est clairement du plus grand intérêt de l'état russe, de ses entreprises et de ses *joint ventures* de favoriser une coexistence authentique plutôt que de s'en tenir à de bonnes paroles. Il est bien préférable pour les relations sociales que des éleveurs soient actifs sur leurs terres au XXIe siècle, plutôt que d'émigrer en foule vers les villes parce que la toundra ne leur offrirait plus aucun avenir. Pour une famille typique de pasteurs, la perspective dépend de plusieurs conditions locales. Même les sovkhoses et les communautés de voisinage font face à des perspectives inéluctables qui dépendent des fantaisies de planificateurs avec qui ils ont très peu, ou pas du tout, de contacts directs. Du point de vue des autochtones, le plus satisfaisant est de voir qu'un nombre appréciable de membres de la jeune génération choisit la vie dans la toundra comme étant la plus appréciable. On ressent la grande fierté d'avoir des grandes familles migrantes à forte cohésion; c'est une source de reviviscence culturelle pour d'autres secteurs de la population, en ville comme dans la toundra.

Bibliographie

http://www.euractiv.com/en/energy/eu-russia-energy-dialogue/article-150061 (checked 06.06.06).

Advis information agency, 26/04/2006, quoting information from the NAO governor Barinov, http://www.advis.ru/cgi-bin/new.pl?E6684EDD-86A3-9547-8C22-825404CD8473

Humphrey, C., 1995: Introduction. *Cambridge Anthropology vol. 18 No. 2, special issue: Surviving the Transition: Development Concerns in the Post Socialist World* 18:1-12.

Vitebsky, P., 2005: *Reindeer People. Living with Animals and Spirits in Siberia.* London: Harper Collins.

CAFF, 2002: *The Conservation Value of Sacred Sites of Indigenous Peoples in the Arctic.* Conservation of Arctic Flora and Fauna 11.

Forbes, B.C., 2004: « Impacts of energy development in polar regions ». In: C.J. Cleveland (ed.) *Encyclopedia of Energy.* Academic Press, San Diego, pp. 93-105.

Nuttall, M., F. Berkes, B.C. Forbes, G. Kofinas, T. Vlassova and G.Wenzel, 2005: « Hunting, herding, fishing and gathering ». In: *Arc- tic Climate Impact Assessment*, Cambridge University Press, Cambridge, pp.649-690.

Peskov, V. V., 2003: "Otnoshenia Assotsiatsii "Yasavey" s Neftianymi Kompaniami," in *Olen' vsegda prav.* Edited by N. Novikova, pp. 283-291. Moscow: Strategia publishers.

Shapalin, N. P. Editor, 1965: *YNNO, Yamalo-Nenetskii natsionalnyi okrug: Ekonomiko-geograficheskaia kharakteristika.* Moscow: Nauka.

Tuisku, T., 2002: « Nenets reindeer herding and industrial exploitation in northwest Russia ». *Human Organization* 61(2): 147-153.

KMAO, 2005: *Territorii traditsionnogo prirodopol'zovania Khanty-Mansiiskogo avtonomnogo okruga – Iurgy v period 1992-2004 gg.* Edited by the department of northern indigenous minorities of the KMAO. Ekaterinburg: Akva-Press.

Zen'ko, M. A., 2004: « Contemporary Yamal: ethno-ecological and ethno-social problems ». *Anthropology & Archaeology of Eurasia* 42: 7-63.

Stammler. F. & E. Wilson, 2006: « Negotiating development: an exploration of relations between oil and gas companies, communities and the state in the Russian North ». Introduction in: *Dialogue for development*, edited by Emma Wilson and Florian Stammler. *Sibirica, vol 5.2*, Berghahn Press.

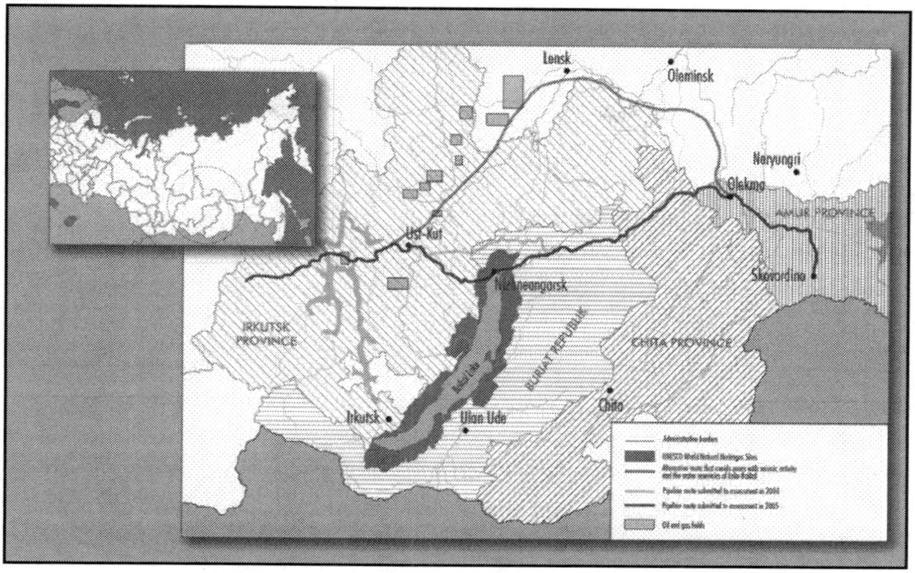

Développement des réseaux d'oléoducs et droits autochtones en Sibérie orientale*

Gail Fondahl et Anna Sirina

Au moins sur le papier, les peuples autochtones du nord de la Russie ont obtenu, au cours des quinze années de réformes post-soviétiques, des avancées significatives de la reconnaissance de leurs droits sur leurs territoires traditionnels. Mais en même temps, l'intensification de l'articulation avec le marché mondial, les pressions de l'économie marchande et l'accroissement des investissements étrangers en Russie y ont encouragé le développement de l'exploitation des réserves d'hydrocarbures et l'ouverture de nouveaux puits. Ces développements de la fin du XXe siècle se situent, pour beaucoup d'entre eux, sur des terres autochtones - champs de pétrole de la Sibérie occidentale sur le territoire des Khanty et des Mansi,

* Article traduit de l'anglais par Dreyfus Gamelon S.

gisements de gaz du nord-ouest sur le territoire des Nenets. Plus récemment, l'exploitation des réserves de pétrole de l'île Sakhalin a mis en péril les droits territoriaux des Nivkhi, des Evenki et des Uilta. Les autochtones en ont tiré quelques bénéfices, généralement dépassés par les coûts.

Alors que l'exploitation du pétrole et du gaz a privé, en beaucoup d'endroits, les autochtones de l'usage de leurs terres, ailleurs le transport des hydrocarbures les a empêchés de poursuivre leurs activités en sillonnant leurs territoires. Les oléoducs et gazoducs traversent les pâturages de rennes, entravent les mouvements du gibier et gênent l'accès des chasseurs et des éleveurs à leurs terrains. Les conduits installés coupent les routes de migration des animaux, aussi bien celles des rennes domestiques que du gibier. Leur mauvais état et leurs fuites, si fréquentes en Russie, polluent la terre et les sources et nuisent aux activités autochtones traditionnelles telles que la chasse, la cueillette et l'élevage des rennes. Leur construction amène des afflux d'étrangers avec, à la fois, des avantages et des inconvénients. Outre la dégradation de l'environnement provoquée par les fuites, les installations affectent l'habitat animal et d'importants sites culturels.

Un des principaux nouveaux projets est la construction de l'Oléoduc Sibérie orientale-Océan Pacifique (en anglais *Eastern Siberia-Pacific Ocean,* ESPO, en russe VSTO) s'étendant sur 5 000 km. à travers la Sibérie orientale[1]. Le tracé originel de l'oléoduc avait provoqué d'importantes inquiétudes pour l'environnement et le Président Poutine avait demandé d'en modifier une partie, mais n'importe quel tracé coupera les terres autochtones. Si les préoccupations des autochtones ont certainement mis l'accent sur les dommages causés à l'environnement par les fuites, elles soulèvent d'autres questions. Il reste à savoir si le nouveau tracé répondra à ces questions.

---

[1] Nous utilisons ici le terme vernaculaire "Sibérie" pour désigner toute la partie de la Fédération de Russie située à l'est de l'Oural (plutôt que la définition technique qui divise cette région en "Sibérie occidentale", "Sibérie orientale" et "Extrême-Orient")

Trasport de pétrole brut,
Chemin de fer Baikal-Amour.
Photo : Anna Sirina

L'oléoduc Sibérie-Océan Pacifique

Pour approvisionner les marchés asiatiques, cet oléoduc apportera le pétrole des champs de Sibérie orientale (province d'Irkoutsk, République Sakha) au terminal du Pacifique. Comme ces puits de pétrole ne sont pas encore en activité, un premier objectif est de transporter le pétrole de l'ouest sibérien aux marchés orientaux. La capacité prévue de l'oléoduc est de 80 millions de tonnes par an. L'heureux adjudicateur est Transneft, une compagnie de transport pétrolier basée à Omsk. L'évaluation du coût de l'oléoduc se monte à plus de 11 milliards de dollars US.

Initialement, Transneft avait prévu un tracé qui courait d'Ust-Kut, dans la province d'Irtkoutsk, à travers le nord de la République bouriate et de la province de Chita jusqu'à Skovorodino dans la province de l'Amour puis, à l'est, jusqu'au Pacifique. L'oléoduc passerait juste au nord du lac Baikal ce qui a provoqué de considérables inquiétudes, surtout parmi les organisations écologistes et autochtones. Le lac Baikal est reconnu, depuis 1966, par l'UNESCO comme appartenant au Patrimoine mondial en raison de son écosystème unique et des nombreuses espèces qu'il abrite. Les préoccupations causées par l'oléoduc se fondent en partie sur la haute sismicité de la région (dix tremblements de terre dépassant six sur l'échelle de Richter à une fréquence inférieure à une décennie et certains dépassant sept en moyenne tous les douze ans). En outre, la région est très montagneuse, gelée en permanence, créant d'extrêmes difficultés à la construction et à la maintenance de tout réseau linéaire. La construction de la ligne de chemin de fer Baikal-Amour dans les années 1970 a demandé de considérables et continuels frais d'entretien. On craint la haute probabilité de fuites de pétrole dues aux complexités du terrain et on met en doute la rapidité de la réaction qu'elles susciteraient. De nombreuses rivières débouchent à l'extrémité nord du lac Baikal ; il est prévu que l'oléoduc passerait sous ces rivières. La rupture des couches de terrain superficielles au cours des travaux provoquerait la formation de poches d'eau sur la croûte de glace en hiver et rendrait plus difficile l'accès à l'oléoduc en cas d'accident.

Le tracé originel de Transneft courait sur environ 12 km au nord du lac. Après l'évaluation négative des conséquences environnementales du projet un second tracé, à environ 80 km au nord du lac (mais toujours sur la ligne de partage des eaux), fut étudié. Il reçut l'approbation du gouvernement russe qui promulgua un décret, le 31 décembre 2004, permettant le démarrage des travaux. Cependant, Transneft considéra que la construction de cette route plus septentrionale coûterait trop cher et envisagea un troisième tracé, parallèle à la ligne de chemin de fer Baikal-Amour, qui passait, en un endroit, à moins d'un kilomètre du lac. L'étude ce nouveau projet, en 2005, plongea les écologistes et les autochtones dans la consternation. Au cours de l'été de cette année, Transneft a tenu plusieurs réunions avec les communautés pour, selon la compagnie, écouter les doléances, assurer aux populations locales qu'elles participeraient à la planification du projet (comme l'exige la loi russe) et répondre aux questions.[1]

---

[1] Nous écrivons "selon la compagnie" car nous avons assisté à l'une de ces réunions le 13 juillet 2005 au village de Kholodnaia, République Bouriate. Les représentants

Une commission sur l'environnement, travaillant pour l'Inspection technique fédérale de Russie *(Rostekhnadzor)* a déclaré, en janvier 2006, inacceptable le troisième tracé (46 des 52 membres ont voté contre, en acceptant les conclusions de l'évaluation environnementale). Mais, à la demande de la compagnie, *Rostekhnadzor* a rallongé d'un mois le temps pour l'évaluation, augmenté le nombre de membres de la commission (de 52 à 86) et divisé la commission en trois groupes. Chaque groupe devait considérer une section différente de l'oléoduc : ouest du lac Baikal - nord du lac - est du lac. Le second groupe d'experts a jugé défectueuse et inadéquate l'évaluation environnementale de la portion qui lui était assignée; les deux autres groupes l'ont acceptée pour leur portion. *Voilà ! (en français dans le texte),* Les deux tiers de la commission approuvent maintenant le tracé de Transneft.

Malgré de telles manipulations de la prise "démocratique" de décisions, les écologistes continuent à alerter de toutes leurs forces l'opinion nationale et internationale. En février et mars 2006 de nombreuses réunions se sont tenues dans la province d'Irkoutsk et en République bouriate. L'Assemblée législative de la province d'Irkoutsk, son gouvernement et leurs équivalents en Bouriatie (l'Assemblée du Peuple) en ont appelé au Président de la Russie et à d'autres hauts fonctionnaires fédéraux pour exprimer leurs inquiétudes concernant la construction au nord du lac Baikal. A la surprise générale, le Président Poutine a ordonné le détournement du tracé pour protéger le lac Baikal et Semyon Vainshtok, Président de Transneft, provoquant une autre surprise, a annoncé que l'oléoduc serait détourné à environ 400 km au nord du lac, dix fois plus loin que ce que Poutine avait considéré comme le minimum acceptable. Un nouveau tracé est maintenant à l'étude : il passera au nord du territoire de la République bouriate et coupera, entre les provinces d'Irkoutsk et de l'Amour, le sud de la République Sakha. La construction a déjà commencé sur la portion occidentale de l'oléoduc.

---

de Transneft, dirigeant la réunion, manifestèrent peu d'intérêt pour écouter et enregistrer les plaintes de la communauté et ne se montrèrent prêts qu'à répondre aux questions techniques concernant l'ingénierie.

la famille Evenk Lekarev.
Photo : Anna Sirina

Inquiétudes autochtones à propos de l'oléoduc

Tous les projets de tracé ont traversé principalement le territoire des Evenki. Ceux-ci constituent le groupe autochtone le plus largement distribué en Russie : leur territoire traditionnel va de l'ouest du fleuve Ienissei en Sibérie centrale jusqu'à l'Océan Pacifique, passe sur l'île de Sakhaline et va de la lisière de la toundra arctique à la frontière chinoise (et en Mandchourie). Traditionnellement chasseurs et cueilleurs, ils dépendent pour leur subsistance d'une collecte extensive des ressources, des fourrures dont ils font commerce et de terres qui ne nourrissent que des populations dispersées. De nombreux groupes ont un petit élevage de rennes pour le transport et le lait quoique dans certaines régions les troupeaux ont été considérablement réduits ou complètement décimés à la fin de la période soviétique. A la fin du XXe siècle, beaucoup d'Evenki ont changé de métier, ils sont devenus instituteurs, travailleurs sociaux, concierges, ouvriers agricoles ou gardes d'enfants. Le travail non qualifié est prépondérant, surtout chez les hommes, bien qu'un petit pourcentage ait rejoint les rangs des "cols blancs". Le chômage s'est répandu avec l'effondrement du système soviétique d'aide étatique et l'espérance de vie, déjà basse durant la dernière période des Soviets, a encore décru avec la démission de l'état et le démantèlement des services sociaux qui ont suivi. Certains Evenki, n'ayant guère d'autres choix, sont retournés aux activités de subsistance dans les années 1990.

Au cours de l'été 2005, afin de connaître les problèmes des Evenki causés par la construction de l'oléoduc, nous les avons interviewés dans les villages situés le long du tracé alors proposé. Les plus grandes inquiétudes concernaient la pollution de l'environnement provoquée par de futurs accidents et ses effets sur la terre, l'eau, les animaux sauvages et le poisson.

« Combattons pour nottre vie communautaire – non au pipeline ».
Photo : Anna Sirina.

"S'ils construisent l'oléoduc... tout mourra. Cet oléoduc se rompra et tout ira dans le Baikal... Alors nous, les Toungouses, nous mourrons" (Homme, dans les 50 ans)[1]

"Nous n'avons pas besoin d'indemnisation, ce qu'il nous faut, c'est une nature propre" (Femme, dans les 80 ans).

---

[1] Les citations sont extraites d'interviews d'Evenki effectuées au village de Kholodnaia, à l'extrémité nord du lac Baikal ; le sexe et l'âge approximatif sont signalés (donner l'âge exact compromettrait l'anonymat de l'informateur). "Toungouses" était le nom des Evenki dans la période pré-soviétique, il est encore utilisé quelquefois dans la conversation.

"Le principal ce sont les rives de la Kholodnaia, la rivière elle-même a besoin de protection. Des truites y vivent, l'eau est propre ici. En cas d'accident, tout irait dans la Kholodnaia. Qu'ils exploitent le pétrole et le gaz mais pas ici, chez nous" (Femme, dans les 70 ans).

Les Evenki, très inquiets des dangers qu'une rupture de l'oléoduc causerait à leur habitat et à leurs activités de subsistance, ont aussi d'autres sujets de préoccupations concernant moins ou pas du tout les écologistes. Il s'agit de leur croissante compétition avec les ouvriers du pétrole pour le gibier, le poisson et les plantes sauvages, de l'augmentation des feux de forêts due aux travaux de construction et à la négligence des étrangers, de la désacralisation de leurs sites cultuels et culturels, de la perturbation des voies de migration des rennes, de la diminution de leur accès à leurs ressources de base en raison de la traversée de leur territoire par l'oléoduc. Ils se rappellent ce qu'ont vécu les Evenki du Baikal avec la ligne de chemin de fer construite à travers leur territoire 30 ans auparavant : les ouvriers des chantiers de construction avaient raréfié le gibier et le poisson, causé beaucoup d'incendies (certains exprès) et désacralisé leurs sites, par ignorance pour la plupart.

« Le chemin de fer Baikal-Amour apparut partout et tout était fait pour lui...tant de forêts ont brûlé - Quand le chemin de fer avançait, ils... brûlaient exprès la forêt. Ils avaient besoin de défricher le plus vite possible. Ils déversaient du combustible et l'enflammaient. En hiver, si vous marchiez le long de la route (vous auriez vu que) tout était obscurci par la fumée. Sur notre route, ils ont coupé du bois en 1978 et après ils l'ont brûlé. Alors les gens ne pouvaient pas le prendre - et le brûler - s'ils voulaient...Combien d'animaux il y avait là, et maintenant... » (Homme, dans les 50 ans).

Certains Evenki se demandaient aussi comment seraient distribuées les indemnités, qui en bénéficierait et quelle serait la répartition des emplois (les représentants de Transneft promettaient que le projet créerait beaucoup de nouveaux emplois et que certains recevraient gratuitement une formation. C'était tentant étant donné le très haut taux de chômage dans les villages autochtones de Sibérie).

Ils se posaient aussi des questions sur les conséquences de la construction de l'oléoduc sur l'établissement des Territoires naturels traditionnels dans leur région (voir ci-dessous). Les inquiétudes dépassaient largement la seule question de l'environnement quoique celle-ci soit le plus souvent évoquée dans les media populaires. Alors que le changement du tracé avait répondu à la plus grande partie des problèmes environnementaux, quelques problèmes demeuraient ; il ne répondait pas, en outre, à bien d'autres préoccupations des autochtones quant à la traversée de leur territoire par un oléoduc. Il est probable que les Evenki du sud de la République Sakha auront les mêmes problèmes à cause de la compétition croissante pour les ressources de subsistance, la destruction de leurs sites sacrés et culturels.

Les peuples autochtones et les droits territoriaux dans le grand nord russe

Comme il a été dit plus haut, beaucoup de familles autochtones sont devenues plus dépendantes de moyens d'existence basés, au moins partiellement, sur des activités de subsistance depuis l'effondrement de l'Union soviétique. Le retour à la chasse et à l'élevage fut encouragé, non seulement par la disparition d'autres possibilités d'emploi mais aussi par la loi qui permettait aux collectivités autochtones (familles et groupes de familles appelés *obshchinas)* de réclamer des attributions de terres sur lesquelles ils recevaient des droits usufruitiers de chasse et d'élevage. Ces attributions allaient de dizaines à des centaines de milliers d'hectares selon les activités prévues de l'*obshchina*. Celle-ci ne recevait pas la propriété de la terre, mais des droits d'usage de ses ressources biologiques ; une fois transférés à l'*obshchina*, certains de ces droits exclusifs ne pouvaient pas facilement être utilisés à d'autres fins. La terre était initialement attribuée à perpétuité et sans paiement.

Le nouveau tracé de l'oléoduc Sibérie orientale - Océan Pacifique est critiqué pour sa traversée des districts *(raiony)* de Lensk, Olekminsk et Neryungri de la République Sakha (Yakoutie). Cette dernière avait une législation particulièrement avancée sur les droits territoriaux autochtones et son application. Une loi de la République de 1992 réglementait déjà l'attribution de terres aux *obshchinas* autochtones alors que la loi fédérale ne fut promulguée qu'à partir de 2000. En vertu de la loi de 1992, douze *obshchinas* avaient été formées, en 1999, dans le district d'Olekminsk et trente dans celui de Neryungri (aucune dans le district de Lensk). Elles constituaient 5 % et 48% du territoire total de ces deux districts. Le tracé exact de l'oléoduc n'a pas encore été choisi, mais il est très probable qu'il coupera des terres d'*obshchinas* dans ces districts. La loi de la République Sakha stipule que la terre peut être enlevée à l'*obshchina* en cas de "nécessité de l'Etat" mais que des terres équivalentes doivent lui être remises. La loi fédérale sur les *obshchinas* est étrangement silencieuse sur les attributions de terres en général.

La loi fédérale russe permet aussi la création de "Territoires d'usage naturel traditionnel", caractérisés par leur usage traditionnel par les autochtones et laissés hors des zones de futurs développements industriels. Les *obshchinas* peuvent être situées à l'intérieur des limites de tels territoires. Cependant, la loi de création de ces territoires a un caractère général et déclaratif ; leur établissement et leur gestion dépend, semble-t-il, des lois et décrets régionaux. Lors de nos entretiens avec les Evenki, au nord de la République bouriate, la nécessité de créer de tels territoires fut fréquemment évoquée ; mais ni les Evenki de Bouriatie ni aucun groupe autochtone du nord de la Russie n'a réussi à faire appliquer la loi fédérale de 2001. Aucun "Territoire d'usage naturel traditionnel" n'existe dans le sud de la République Sakha ni ailleurs, sur le tracé prévu pour l'oléoduc.

Les lois sur le statut légal des peuples autochtones, au niveau fédéral comme au niveau local (Sakha), protègent les droits des autochtones à observer leurs traditions religieuses et à remplir leurs obligations rituelles, pour autant que celles-ci ne contreviennent pas à d'autres lois. La loi de Sakha sur le statut des autochtones (1997) stipule qu'ils peuvent conserver et développer leurs "lieux de culte". Même de façon biaisée les sites sacrés sont protégés. Toutefois, il est compliqué de le faire en pratique car les étrangers ne connaissent pas les sites.

Eleveurs de rennes Evenk de l'entreprise Uluki.
Photo : Anna Sirina

La plus grande entrave à la construction de l'oléoduc, en ce qui concerne les droits territoriaux autochtones, sera très probablement l'existence des terres des *obshchinas*. Il reste à savoir comment Transneft agira, vis-à-vis d'elles. Le deuxième tracé proposé, à 80 km au nord du Baikal, coupe l'une des terres attribuées :

« Ils ont essayé de traverser notre terre ; ils ont commencé à apporter leurs engins...Personne ne nous avait prévenus qu'ils venaient sur notre territoire... Ils sont venus l'année dernière en hélicoptères. Qui nous demande quelque chose ? Nos gens sont allés en motoneiges, les ont aidés, transportés. » (Homme, dans les 50 ans).

Cet homme a voulu savoir s'il y aurait des indemnités, si le tracé avait été choisi et si des indemnités, prévues par l'enquête, avaient été versées pour le découpage des terres attribuées.

L'existence des *obshchinas* et d'autres terres attribuées (comme les "terres claniques", *rodovye ugod'ia*, dans le district des Khanty-Mansi dans la Sibérie occidentale pétrolière) ne semble pas avoir empêché significativement le développement des projets industriels. Les Evenki du nord du lac Baikal ont réclamé que le paiement des indemnités leur soit versé, plutôt que d'aller grossir les budgets de l'administration locale ou régionale; certains ont mentionné la nécessité de créer des "Territoires d'usage naturel traditionnel", considérés comme constituant le moyen le plus important de donner des paiements compensatoires collectifs aux autochtones.

Les modifications à la loi fédérale sur les terres, sous forme de révision en 2001 du Code légal sur la terre, ont remis en question les droits autochtones en interdisant les transferts de terres à perpétuité et leur exonération d'impôts. Actuellement en Russie, les dispositions légales sur les tenures de terres autochtones contredisent les lois générales sur la terre. On ne voit pas comment ces incohérences joueront dans la pratique.

Droits des autochtones à participer à la planification des projets de développement

Les peuples autochtones ont exprimé la crainte que leurs droits territoriaux soient menacés et même sapés par la construction de l'oléoduc Sibérie orientale-Océan Pacifique. Ils se sont aussi plaints de l'impossibilité de faire valoir leur point de vue et de ne pas avoir droit à la parole sur ce projet. Beaucoup d'entre eux n'y sont pas catégoriquement opposés mais veulent l'assurance que des garde-fous écologiques seront mis en place et que leurs territoires en bénéficieront grâce à des indemnités compensatoires et des offres d'emploi. Ils protestent contre un scénario qui risque d'entraîner des pertes de territoire et de graves ennuis sur le corridor de l'oléoduc : nuisances écologiques, accroissement (même temporaire) de la compétition avec les étrangers pour le gibier et les nourritures sauvages ; ils craignent que les bénéfices réels profitent plus aux fonctionnaires représentant les districts ou les villages où ils vivent qu'à eux-mêmes. Ils protestent également contre un scénario qui ignore leurs intérêts et leurs préoccupations.

La loi russe sur les droits autochtones donne à ces derniers le droit de « *participer à l'établissement de l'évaluation des conséquences écologiques et ethnologiques de l'élaboration des programmes gouvernementaux, fédéraux et régionaux, sur le développement des ressources naturelles et la protection de l'environnement* » de leurs territoires (Loi fédérale 82-F3, 1999, §8.6). Elle stipule en outre le droit des autochtones de « *participer à des contrôles de l'observation des lois fédérales et des lois soumises à ce que la Fédération de Russie considère comme la protection de l'environnement dans l'usage industriel de la terre et de ses ressources, la construction et la reconstruction de l'économie, l'habitat traditionnel et les activités économiques de populations peu nombreuses* ». Ces clauses, qui insistent sur la possibilité, pour les populations autochtones, de participer à l'évaluation de projets tels que l'oléoduc Sibérie orientale-Océan Pacifique, font écho à la loi internationale. Nous prendrons pour exemple les stipulations qui considèrent comme faisant partie des droits de l'homme l'implication de populations dans les processus qui affectent leur propre destin (voir La Déclaration Universelle des Droits de l'Homme de 1948) et les conventions plus particulières qui requièrent la participation autochtone "pour les sujets qui les concernent" (voir la Déclaration de Vienne de 1993). La Convention 169 de l'Organisation Internationale du Travail (OIT) stipule expressément que les peuples autochtones « *doivent participer à la formulation, la mise en œuvre et l'évaluation des plans et des programmes de développement national et régional qui peuvent les affecter directement* » et que « *les gouvernements doivent assurer que, chaque fois que cela est approprié, des études seront menées en coopération avec les peuples concernés pour évaluer les conséquences sociales, spirituelles, culturelles et environnementales des activités projetées* ». Les résultats de ces études seront considérés comme donnant des critères fondamentaux pour procéder à la mise en œuvre des dites activités. (OIT 169, 1989, § 7). La Fédération de Russie doit encore ratifier la Convention 169 mais sa Constitution garantit les droits des autochtones du nord "conformément aux principes acceptés et aux normes du droit international".

Quand on envisageait le tracé qui traversait le nord de la République Bouriate, Transneft ne se souciait guère de garantir aux autochtones leur droit à participer à l'évaluation de l'oléoduc. Les Evenki manifestaient des doutes sur la variante septentrionale du projet comme sur celle qui longeait le lac Baikal et sur tout tracé particulier. Leur connaissance venait principalement de conversations fortuites avec les enquêteurs rencontrés sur le terrain. Une rumeur prétendait que le tracé traverserait un cimetière communautaire et obligerait à son déplacement. L'information ne provenait jamais des fonctionnaires du gouvernement local ni de Transneft. Un article de première page du journal régional demandait, en juillet 2005, "L'oléoduc va-t-il suivre une route différente ?" (*Severobaikalskie vesti*, 27 juillet 2005) et suggérait que le tracé alors envisagé, "à 150 km au nord" du Baikal avait été rejeté au profit d'une route plus proche du lac. Cet article, d'un journal important, était surprenant car l'enquête avait commencé plusieurs mois auparavant et Transneft avait déjà organisé des rencontres pour discuter du tracé près du lac. La révision était en question, pas un fait avéré.

Durant l'été 2005, Transneft a tenu des réunions publiques dans les communautés du nord de la République Bouriate. Nous avons pu assister à l'une d'elles, le 13 juillet, au village de Kholodnaia (comprenant une population adulte de 243 personnes avec un taux de chômage de 60 à 80 %). L'événement fut annoncé aux villageois le jour précédent par une feuille de papier affichée sur le bâtiment administratif. Tenue dans la salle du club local, elle a commencé par une courte introduction des représentants de Transneft qui parlèrent surtout de la création, dans la région, de quarante emplois pour la construction de l'oléoduc (pour une population totale de 41 000 personnes) en vue desquels une formation gratuite serait dispensée. Puis on ouvrit la discussion. Mais les questions de l'assistance furent systématiquement repoussées parce que "non concrètes". Les gens de Transneft ne voulaient répondre qu'à des questions de nature technique sur l'ingénierie du projet.

Bizarrement, Transneft a envoyé des cartes de la deuxième version du tracé (approximativement à 80 km du lac Baikal) alors qu'on discutait de la troisième. Ses représentants ont invité les participants à consulter le Rapport d'évaluation des conséquences environnementales (douze volumes très techniques) qui se trouvait à la disposition du public à Nizhneangarsk, village distant de 8 km au bord du Baikal. Ils ont aussi conseillé à ceux qui voudraient poser d'autres questions de se rendre à la ville principale de la région, Severobaikalsk, au siège de la compagnie. Les Evenki se plaignirent que cette invitation même était hypocrite :

" *Comment allons-nous aller là-bas ? Pour aller à Severobaikalsk il faut 90 roubles. Aller et retour. Et pour 90 roubles combien de miches de pain pouvons-nous acheter ? Dix miches. Ou vous allez là-bas ou vous achetez du pain.* " *(Homme, dans les 40 ans).*

Aller à Nizhneangarsk coûte 30 roubles. Les revenus des Evenki, y compris l'assurance sociale sont souvent au-dessous de 2 000 roubles.

Par moments, la rhétorique des représentants de Transneft, dans les réunions avec les communautés, devenait irrespectueuse et manifestait une vue simpliste des cultures autochtones, de leurs valeurs et de leurs modes de vie. Deux exemples suffiront :

- le représentant de Transneft : *Vous ne voulez pas vivre dans la forêt. Vous voulez rester à la maison et regarder la télévision.*

- le représentant *: Vous, où travaillez-vous en ce moment ? Comment vous nourrissez-vous?*

- un villageois : *Nous sommes sans travail...jusqu'au dernier d'entre nous.*

- le représentant : *Bon, c'est ce dont nous parlons. Cela vous fait plaisir en ce moment d'être au chômage ?*

Dans les réunions auxquelles nous avons assisté, les représentants de Transneft paraissaient ne pas s'intéresser aux inquiétudes des Evenki, ne semblaient en enregistrer aucune et ne répondaient qu'en les écartant aux questions soulevées par les membres des communautés. La tenue des réunions était loin de se conformer à l'esprit des lois protégeant, de façon significative, la participation des autochtones à l'évaluation des projets de développement.

Le nouveau tracé - une occasion de se préoccuper des droits des autochtones ?

Des progrès ont été faits sur la reconnaissance des droits territoriaux des autochtones de la Fédération de Russie et sur leur droit à participer à l'élaboration des projets de développement, inscrits dans les lois du pays. Dans certains cas, les lois régionales leur offrent même une plus grande protection. Cependant, ces lois sont souvent très générales et ont besoin de décrets d'application pour être mises en œuvre. De plus, la volonté politique de les appliquer semble manquer. Le système judiciaire ne s'est pas suffisamment développé dans les quinze dernières années de la période post-soviétique pour assurer les moyens adéquats de réaliser cette application.

En même temps, les pressions accrues pour la participation de la Russie à la compétition dans le marché mondial créent l'exigence du développement et de l'exportation des hydrocarbures - l'une des principales sources de richesse. Là où les droits territoriaux des autochtones gênent ces développements on les ignore, même s'ils sont officiellement et légalement reconnus ou en passe de l'être par les nouveaux codes. Quand l'implication des autochtones ralentit les projets ou les opérations, on les laisse de côté. Il est juste de dire que le manque de respect pour les autochtones, leurs droits et leurs modes de vie, est franchement enraciné en Russie. L'attitude de rejet de Transneft est affligeante mais elle correspond plus à la norme qu'à l'exception.

Les peuples autochtones eux-mêmes ont des capacités limitées de répondre aux défis lancés à leurs droits positifs concernant leurs terres et à leurs droits d'entamer une procédure si leur participation n'est pas respectée. Bien que les peuples autochtones de Russie soient d'un niveau d'alphabétisation et d'éducation relativement élevé, des barrières économiques, logistiques et culturelles les empêchent de protester contre le déni de leurs droits. Les voyages jusqu'aux centres régionaux sont coûteux et d'une efficacité douteuse. Des obstacles bureaucratiques découragent tout effort pour faire respecter ces droits. Le langage, les discours, les commentaires et les rituels des tribunaux et des bureaux de l'administration inhibent leurs possibilités d'action.

Cependant, le déplacement du tracé de l'oléoduc donne à Transneft l'occasion de faciliter la réalisation de projets futurs sur les terres autochtones. La compagnie a dû répondre à des inquiétudes pour l'environnement. Elle a soutenu la comparaison avec les compagnies occidentales en termes des taux d'accidents et de sécurité. Ceci étant, le déplacement de l'oléoduc à 400 km du lac Baikal n'indique pas nécessairement qu'elle ait des préoccupations écologiques. Ce tracé était évidemment l'une des possibilités parmi un certain nombre de routes envisagées. Il a l'avantage de comporter moins de risques sismiques et d'être plus proche des réserves pétrolières. Il a été recommandé à plusieurs reprises par la division d'Irkoutsk de l'Académie russe des sciences. Evidemment, Transneft peut essayer de capitaliser sur ce transfert pour montrer sa sensibilité au problème. Mais la nouvelle route ne lui évitera pas d'être confronté aux intérêts des chasseurs, pêcheurs et éleveurs de rennes autochtones, en majorité Evenki et Sakha.

La compagnie pourrait maintenant choisir d'accéder aux revendications des autochtones afin d'être associée aux étapes de la planification du nouveau tracé. Elle pourrait tenir les communautés informées, écouter leurs doléances, trouver les moyens de répondre à leurs préoccupations (les autochtones se rendent compte que les compromis font partie des négociations), résoudre le problème de qui recevra les indemnités compensatoires. Ce faisant, elle améliorerait sa réputation internationale, à un coût financier relativement faible et se montrerait consciente des droits des autochtones. Malheureusement en Russie, actuellement, les incitations à agir ainsi sont faibles.

Bibliographie

Fondahl, G., Poelzer, G., 2003: Aboriginal land rights in Russia at the beginning of the twenty-first century, *Polar Record* 39 (209):111-122.

Fondahl, G., Sirina, A. (in press): Rights and risks: Evenki concerns regarding the proposed Eastern Siberian-Pacific Ocean pipeline, *Sibirica 5 (2).*

Osherenko, G., 2001: Indigenous rights in Russia: is title to land essential for cultural survival? *Georgetown International Environmental Law Review* XIII (3):695-734.

Sirina A., Fondahl G., 2006: Evenki Severnogo Pribaikal'ya i proekt stroitel'stva nefteprovoda Vostochnaya Sibir' – Tikhii okean // *Issledovaniya po prikladnoy i neotlozhnoy etnologii.* Moscow: Izdvo IEA RAS. Document No 186.

Xanthaki, A., 2004: Indigenous rights in the Russian Federation: the case of the numerically small peoples of the Russian North, Siberia and Far East, Human Rights Quarterly 26:74-105.

Les Evenk de la province de *Chitinskaya:* une société et une économie (encore) en transition[1*]

Olga Povoroznyuk

Alors que des changements se manifestent dans l'ensemble de la situation sociale et économique de la Fédération de Russie, les conditions de vie et la situation sociale des peuples autochtones du nord de la Russie continuent de souffrir des conséquences de la crise. N'ayant pas été préparées aux réformes de la perestroïka, les économies autochtones vivent des expériences difficiles en étant confrontées aux conditions du marché. De nouvelles entreprises privées, organisées selon le principe du profit, doivent remplacer

[*] Article traduit de l'anglais par Dreyfus Gamelon S.

[1] Nous utilisons ici les équivalents des dénominations des unités territoriales russes : *oblast* = province, *kray* = région, *rayon* = district.

[2] L'insertion des Evenk dans les économies rurales continue à décroître : les conditions de l'élevage des rennes sont désastreuses, l'apport de la fourrure et de la pêche est en diminution. L'horticulture et les différentes formes d'élevage qui constituaient la base des fermes collectives relèvent maintenant de l'économie des maisons familiales individuelles qui couvre toutes les régions rurales du nord.

l'ancien système des fermes d'état ou fermes collectives ; de nouvelles lois sont promulguées pour protéger ces entreprises et les terres d'usage autochtone. Cependant, en pratique, le renforcement de la législation est mis en question par des problèmes administratifs et sociopolitiques. L'industrialisation croissante, particulièrement dans les domaines gaziers et pétroliers, inflige des dommages potentiels aux économies et aux terres autochtones. Toutes ces graves questions nécessitent de fortes réglementations gouvernementales et un soutien national aux peuples autochtones.

La situation des Evenk du nord de la province de Chitinskaya, dans l'est sibérien, l'une des régions les plus instables économiquement de la Russie, l'illustre parfaitement.[1]

Les entreprises qui impliquent des populations autochtones

A la fin des années 1990 et au début des années 2000, la dissolution de l'Union soviétique et la réforme des sovkhozes qui l'a suivie ont produit un effet décrit comme un "crypto - entreprenariat" [2]. Celui-ci se révèle dans l'établissement d'un ensemble d'entreprises, déclarées nouvelles et orientées vers le marché mais qui, en réalité, continuent de fonctionner dans le cadre structurel du sovkhose soviétique. Durant ce processus, des entreprises économiques d'un type nouveau, sous forme de propriétés privées, collectives, nationales, municipales ou par actions, se sont développées à travers la Russie du nord, y compris dans la province de Chitinskaya.

Des consortiums économiques, comprenant des autochtones et formés de petits groupes mobiles d'amis et de parents, sont enregistrés comme *rodovye obschiny*[3]. Selon la loi des *"Principes généraux de l'organisation des Obschinas..."* ceux-ci doivent devenir des

---

[2] Konstantinov , 2002 : Soviet and post-soviet Reindeer-Herding Collectives : Transitional S logans in Murmansk Region. In : *People and the land. Pathways to Reform in Post-Soviet Siberia.* Seattle : University of Washington Press, p 172.
[3] *Rodovvaya obschina,* en russe, peut être traduit littéralement par "communauté clanique".

Eleveurs de rennes Evenk avec le troupeau.
Photo : Olga Povoroznyuk

Patûrage d'été.
Photo : Olga Povoroznyuk

institutions auto-gouvernées, destinées à revitaliser les valeurs culturelles et à soutenir les droits des autochtones par le développement d'activités "traditionnelles". Toutefois, en pratique, les fonctions des *obschinas* ont été réduites à celles d'entreprises économiques poursuivant des activités de subsistance non commerciales.

En 2005, il existait quatre *obschinas* d'élevage de rennes et deux de chasse plus une entreprise de chasse destinée à la commercialisation organisée par les Evenks et opérant dans le nord de la province de Chitinskaya[1]. Dans le cas des *obschinas*, la question de l'usage traditionnel des terres demeure irrésolue et au moins une revendication territoriale de l' *obschina evenk "Gevan"* n'a pas été satisfaite[2]. Au contraire, les terres en question ont été partiellement appropriées par des entrepreneurs non autochtones dont les opérations commerciales servent rarement les intérêts des autochtones.

Outre les défis liés au renforcement de la législation, d'autres problèmes continuent de bloquer l'attribution des terres et le développement économique des *obschinas* et des entreprises autochtones de la province de Chitinskaya. Parmi eux, la perte des connaissances et des compétences nécessaires pour reconduire les activités traditionnelles, les difficultés financières, la marginalisation géographique et culturelle, l'aliénation des terres autochtones pour l'exploitation industrielle et commerciale et la mauvaise volonté des autorités locales et régionales dans le soutien aux Evenk[3].

Usage "traditionnel" des terres dans le contexte actuel

En Russie, le concept d'« usage traditionnel de la terre » par les peuples autochtones a fait l'objet de négociations depuis la fin des années 1980, au moment où l'intérêt de l'opinion pour ces questions

[1] Données fournies par l'administration de la province de Chitinskaya, mars 2005.
[2] Données de terrain de l'auteur, 2002-2004.
[3] Fondahl, 1988 : Gaining Ground ? Evenkis, Land and Reform in Southeastern Siberia. Boston : Allyn and Bacon, pp.98-99.

s'accrut, principalement à cause de l'exploitation du gaz et du pétrole dans les régions septentrionales. Le qualificatif de « traditionnel » s'est beaucoup politisé et ne peut être utilisé que par convention dans la mesure où les pratiques autochtones ont dramatiquement changé entre le début du XXe siècle et aujourd'hui. Néanmoins, ce discours politique, qui a pris racine dans le fort mouvement pour les droits autochtones des années 1990, a abouti à la loi fédérale "Sur l'usage traditionnel des terres..." de 2001.

Avec des lois « ethniques » comme "Sur la garantie des droits..."(1999), "Sur les principes généraux d'organisation des Obschinas...(2000) et d'autres[1], cette loi a donné le droit aux autochtones de Russie d'avoir la priorité d'exploitation des territoires associés à la production traditionnelle à l'encontre d'autres activités notamment commerciales. Selon cette législation, les *obschinas*[2] autochtones du grand Nord deviendraient les principaux usagers des territoires traditionnels. Naturellement, toutes les lois antérieures qui réglementaient l'attribution des terres au niveau régional et au niveau fédéral devinrent caduques avec la mise en oeuvre de la nouvelle législation. Mais pas une seule terre d'usage traditionnel n'a été créée au niveau fédéral depuis la mise en vigueur de la loi sur les territoires. La situation est encore plus compliquée au niveau régional, comme le montre le cas de la province de Chitinskaya.

On peut donner plusieurs raisons à la non application de la législation sur l'usage des terres traditionnelles. D'abord, comme le pensent plusieurs chercheurs, la Loi "sur l'usage traditionnel des terres..."ne donne qu'un cadre pour l'établissement de lois

---

[1] Voir la Constitution de la Fédération de Russie (pp. 9,69,72), le Code forestier de la Fédération (1997, pp.107, 124), le Code de la terre (2001, 7, 31, 95, 97), les Lois fédérales "Sur le dédommagement des terres" (1991, pp.12, 13), les ajouts et modifications de la Loi fédérale russe "Sur les ressources du sous-sol..." (1995, pp.2, 4, 42), "Sur la vie sauvage" (1995), "Sur les principes de la réglementation gouvernementale du développement socio-économique du grand Nord" (1996), " Sur les principes généraux de l'autonomie locale dans la Fédération de Russie" (2003), etc.

[2] *Obschina* en russe peut être traduit littéralement par "communauté" mais, en pratique, ce mot signifie un type d'entreprise autochtone non commerciale.

particulières aux régions et ne permet pas, en l'état, aux autochtones d'exploiter librement leurs zones traditionnelles. Ensuite, cette même loi contredit l'amendement récent au Code de la terre de la Fédération de Russie qui légifère sur les droits de propriété et de location. En conséquence, au niveau fédéral règne la confusion et se manifeste un non - vouloir de mettre en œuvre des mécanismes particuliers aux situations locales et de répondre à toute initiative paysanne en faveur des administrations régionale et provinciale[1]. Enfin, outre ce manque de mécanismes, l'expérience pratique fait défaut pour appliquer la loi fédérale.

Dans la province de Chitinskaya, conformément au décret présidentiel adopté par l'administration provinciale en 1994, les territoires d'usage traditionnel ont été attribués dans trois districts différents totalisant 4.145.600 hectares.[2] A cette époque cependant, l'effondrement des unités économiques autochtones avait conduit à la réattribution de ces terres à d'autres usagers ou à leur retrait de l'usage traditionnel[3].

Passer sous la loi fédérale n'eut aucun résultat positif et significatif. Jusqu'à ce jour, la province de Chitinskaya n'a pas normalisé les processus d'attribution de terres à usage traditionnel malgré l'apparition de nouvelles entreprises autochtones. En conséquence, aucun des détenteurs, que ce soient les autorités locales, les *obschinas* ou les compagnies pétrolières, n' a la capacité d'évaluer comment la nouvelle législation permet de régler les revendications de terres. Plusieurs négociations sont en cours entre les usagers autochtones et non autochtones à propos de terres qui ont une signification spirituelle, culturelle et économique pour les Evenk locaux. Souvent, les autorités régionales et locales louent ou vendent aux enchères à des non autochtones, commerçants ou industriels, des terres enregistrées comme d'usage traditionnel autochtone. Les autochtones sont ainsi écartés par le développement économique et les

---

[1] Décret "Sur les questions d'urgence concernant la protection des lieux de vie des peuples autochtones numériquement faibles du Grand Nord" daté du 21 avril 1992.
[2] Données fournies par la Commission économique de la province de Chitinskaya, 2000.
[3] Notes de terrain de l'auteur, 2002, 2003.

intérêts commerciaux, voire exclus en général, de la gestion des ressources naturelles.

Economies autochtones à l'ère du gaz et du pétrole

Des exploitations industrielles de gaz, de pétrole, de bois et de minerais se sont développées dans l'est sibérien. Dans la province de Chitinskaya, où vivent les Evenk, l'extraction de métaux non ferreux et précieux, de charbon, de combustibles pour la chimie et l'agro-industrie prédomine. On y a trouvé vingt gisements de cuivre, du nickel, du titane, des placers aurifères et du charbon dont l'exploitation a créé des conflits entre l'économie evenk traditionnelle et l'industrie minière. Les mines en activité ont déjà endommagé l'environnement et les terres, affecté le mode de subsistance des autochtones dont les intérêts ne sont jamais pris en considération et à qui ne sont offerts aucun emploi supplémentaire. Les inquiétudes des Evenk sont rarement prises en compte dans les projets commerciaux et industriels.[1]

Le projet le plus important de la région est la construction de l'oléoduc " Sibérie orientale - Océan Pacifique" de 2 297 km qui coupe les terres des communautés autochtones. Selon la législation existante sur l'évaluation écologique, la Transneft, compagnie constructrice, a l'obligation d'évaluer les conséquences environnementales du projet et d'établir des stratégies pour répondre aux cas d'urgence. Bien qu'il ait été approuvé au niveau fédéral, ce projet suscite l'inquiétude des écologistes car de 50 à 80% de son tracé traversent des reliefs montagneux qui présentent des risques d'inondations, d'avalanches, d'érosion et particulièrement de tremblements de terre.[2]

En 2005, des auditions publiques, auxquelles furent invités les représentants des communautés autochtones, furent organisées dans pratiquement toutes les provinces et régions de la Fédération de Russie où est prévue la construction de l'oléoduc. Selon les media, le

[1] Notes de terrain de l'auteur, 1998.
[2] Agence d'information REGNUM.

15 août 2005, la majorité de l'assistance à l'une de ces réunions, tenue dans le district de Kalasrkiy, a voté le soutien au projet malgré la dégradation de l'environnement et les dommages aux pâturages de rennes dont se plaignaient les Evenk.[1] Les districts de la province voisine d'Irkoutskaya connaissent la même situation. Dans l'ensemble, la pure formalité des auditions publiques et de la participation autochtone, aussi bien que l'avis positif que la plupart des média régionaux et nationaux apportent au projet, ne laissent pas beaucoup de possibilités à une évaluation adéquate de ses conséquences sociales et économiques sur les populations autochtones.

Il est évident, par conséquent, que les objectifs industriels insuffisamment planifiés représentent des menaces potentielles pour les écosystèmes et les modes de vie fragiles des autochtones de ces régions. Il est sûr que les destructions dues aux activités industrielles ne sont pas aussi grandes dans la province de Chitinskaya que dans l'ouest sibérien. Cependant, un système de contrôle, un strict renforcement des évaluations écologiques nécessaires et des mécanismes de prise en compte des intérêts autochtones doivent être introduits aussitôt que possible dans les plans de développement.

Tendances socio-économiques récentes

La mauvaise situation actuelle des Evenk de l'est sibérien se reflète dans des indicateurs tels que l'emploi, le revenu, les niveaux de vie et l'ensemble de leurs conditions de vie. Durant les années de la perestroïka, la protection et l'assistance sociales furent réduites de façon significative et continuent d'être très insuffisantes. De fait, la santé sociale et économique des autochtones est beaucoup plus mauvaise que celle des autres populations nordiques ; le chômage endémique, le bas niveau de vie laissent peu d'espoir pour l'avenir et créent des sentiments de désespérance et de marginalisation entraînant l'abus d'alcool.

[1] Severnaia Pravda 33 (5954) : 3; données RAIPON

Le renne assure le transport.
Photo : Olga Povoroznyuk

Le chômage reste, chez les autochtones, l'une des questions socio-économiques des plus pressantes. La majorité des Evenk qui ont un emploi officiel travaillent dans les services publics, c'est-à-dire les écoles, les soins, les administrations locales, les associations, les postes de santé et les bibliothèques. En 2003, le taux de chômage des Evenk ruraux du nord de la province de Chitinskaya excédait 60%. Une partie des chômeurs s'occupe, de fait, dans l'agriculture et les activités traditionnelles; par exemple, certains continuent de chasser et d'élever des rennes sans que leurs activités soient enregistrées et d'autres, sédentaires dans leurs villages, élèvent du bétail et cultivent leurs parcelles. La perte du désir de vivre, l'absence de motivation pour s'adapter à la modernisation les conduisent à se réfugier dans l'alcool. Ils vivent de prêts ou de l'assistance de l'état.[1] Les *obschinas* et d'autres entreprises autochtones fournissent des petits travaux occasionnels, en particulier aux jeunes hommes. En règle générale, les jeunes gens sont désireux d'y travailler comme chasseurs ou éleveurs de rennes.

[1] Données de terrain de l'auteur, 2002-2004

Les chocs sociaux et économiques qui ont affecté toute la Russie durant les années 1990 continuent d'avoir des effets négatifs sur les niveaux de vie des autochtones de l'est sibérien ; le mécontentement du changement et des conditions de vie actuelles perdurent parmi les autochtones de la région. Les indicateurs de niveau de vie sont inférieurs, chez eux, aux moyennes de la région et de la Russie en général. Leurs principales sources de revenus aujourd'hui sont les pensions, les petits salaires, la petite agriculture, les allocations de "bois de chauffage", l'assistance directe aux familles pauvres, etc.[1] Ne recevant que des petites sommes en liquide, la plupart des familles en dépensent le principal en nourriture et en vêtements. Dans la majorité des cas, le revenu des familles autochtones n'atteint pas le salaire minimum ce qui conduit à la pauvreté, aux problèmes sociaux et à une érosion des valeurs fondamentales et de l'estime de soi.

L'exploitation industrielle du territoire et de ses ressources naturelles n'a apporté, il s'en faut de beaucoup, aucune aide économique directe aux Evenk. Rien n'a amélioré les possibilités d'emploi pour la population locale, particulièrement pour les autochtones. Les promesses d'embauche non chiffrées, ne reposant sur aucun fait tangible, faites par les directeurs du projet de construction du gazoduc, ne sont que des manoeuvres stratégiques du gouvernement et de la compagnie.

Le rôle de la réglementation gouvernementale

Le rejet des politiques paternalistes qui soutenaient les populations numériquement faibles, l'abolition de la majeure partie des prestations sociales et un quasi total manque d'aide gouvernementale pendant les années de crise économique, ont provoqué des changements négatifs dans la vie des autochtones. Ceux-ci en ont éprouvé de la nostalgie des années soviétiques disparues et demandent instamment le rétablissement du système qui soutenait leurs activités traditionnelles : un marché centralisé, des subventions gouvernementales à la production et aux nécessités techniques, une

[1] Données de terrain de l'auteur, 2002

structure verticale de gouvernement et de contrôle.[1] Les actuels programmes régionaux et fédéraux de soutien[2] aux groupes autochtones peu nombreux fonctionnent principalement sous forme de subventions mineures et de services gratuits.

Ainsi, par exemple, le programme fédéral " Développement social et économique jusqu'en 2011 des petits peuples autochtones du grand Nord " fut mis en place en 2001. Sur la même base, un programme régional semblable fut projeté pour la province de Chitinskaya pour les années 2004-2008.[3] Un autre programme fédéral, intitulé " Enfants du Nord", doit améliorer la santé, l'éducation, la socialisation, les activités sportives et culturelles et établir des organisations sociales pour les enfants des petits peuples autochtones du Grand Nord.

Malgré l'aide que ces programmes apportent, leur mise en œuvre est souvent entravée par le flou sur les bénéficiaires, par des changements idéologiques dans les conceptions politiques, par le retard, l'irrégularité ou même l'absence totale de financement. Dans certains cas, des fonds supplémentaires doivent être cherchés auprès des budgets locaux ou régionaux dans différents programmes de soutien socio-économique.[4] Cependant en Sibérie orientale, lourdement dépendante du centre de la Fédération, les fonds destinés aux petits peuples autochtones sont absorbés par les budgets régionaux.

La tendance récente, de compter sur les budgets provinciaux ou régionaux plutôt que fédéraux, fait que les petits peuples ne reçoivent aucun financement, comme c'est le cas dans des régions pauvres telle

---

[1] Konstantinov Y. 2002 : Soviet and Post-Soviet Reindeer-Herding Collectives : Transitional Slogans in Murmansk Region. In *People and the Land. Pathways to Reform in Post-Soviet Siberia* Seattle : University of Washington Press p.175.

[2] Voir par exemple les lois fédérales "Sur la garantie des droits…" (1999), " Sur les principes généraux d'organisation des communautés claniques…" (2001)……….etc.

[3] Données fournies par l'administration de l'Oblast Chita, 2005.

[4] Par exemple , en 2002-2003, le plus notable fut le soutien apporté aux activités économiques traditionnelles, en particulier l'élevage de rennes dans les districts autonomes de Chukotskiy, Yamalo-Nenetskiy et Khanty-Mansiiskiy (Jernsletten and Klokov, 2002-2003, p. 43).

Un éleveur Evenk donne du sel à ses rennes.
Photo : Olga Povoroznyuk

que la province de Chitinskaya. Il en résulte que les autochtones, qui souffrent de mauvaises conditions de vie et du manque d'intérêt des autorités locales, ne reçoivent rien des budgets régionaux qui leur permettraient de reconstruire leurs structures socio-économiques. Même quand les programmes de soutien sont correctement financés, leur objectif désigné est l'aide aux activités "traditionnelles" et de conservation de la nature; ils ne prennent presque jamais en compte les tendances récentes et les problèmes liés à l'accroissement de l'industrialisation et de l'exploitation des ressources.

Conclusion

Nous constatons que les économies traditionnelles et la recherche des moyens de subsistance de base des autochtones de Sibérie orientale souffrent d'une crise socio-économique, d'un manque de soutien gouvernemental et de la transition abrupte et mal planifiée vers une économie de marché. Dans certaines régions, les réformes économiques post-soviétiques ont rendu les autochtones plus isolés encore du reste du monde qu'ils ne l'étaient du temps de la collectivisation. Aujourd'hui, l'éloignement des lieux de distribution, l'inadéquation des infrastructures de production - caractéristique de la Russie du nord -, les techniques démodées et le manque d'industries de transformation nous font douter de la survie des modes de production traditionnels dans les conditions de l'économie de marché. Même l'existence d'activités comme l'élevage de rennes est menacée par ces circonstances critiques. Les problèmes écologiques, légaux et économiques liés à la coexistence de modes de production traditionnels et du développement industriel - qui s'étend inexorablement en infligeant des dommages à l'environnement naturel - sont devenus particulièrement aigus. La soi-disant "transition" vers l'économie de marché a apporté de nouvelles formes diversifiées et composites de propriété et d'entreprises qui, d'une façon ou d'une autre, sont liées aux activités traditionnelles des Evenk.

Les entreprises autochtones rencontrent des obstacles à leur développement qui sont : le renforcement inadéquat des lois sur l'attribution de terres d'usage traditionnel, l'appauvrissement causé par l'absence de marchés locaux et par les prix non compétitifs des produits de la chasse et de l'élevage de rennes. Un fort chômage et de pauvres conditions de vie aggravent les problèmes des autochtones. Il n'est pas possible de les résoudre sans l'intervention gouvernementale. Nous ne proposons pas un retour aux formes paternalistes de soutien qui nourrissaient un sentiment de dépendance chez les petits peuples du Grand Nord. En revanche, dans les circonstances présentes, la reconsidération des concepts et des politiques serait plus efficace ; il faudrait pour cela se baser sur la "traditionnalité" des économies autochtones, répondre aux revendications actuelles, établir des systèmes budgétaires qui faciliteraient l'adaptation des économies autochtones au marché et à l'industrialisation. Nous sommes en faveur d'une politique nationale qui donnerait des possibilités de poursuivre des modes de vie à la fois traditionnels et non traditionnels, de protéger les territoires du Nord contre les envahisseurs et les entrepreneurs malhonnêtes, d'améliorer les offres d'emploi et les conditions de vie des autochtones et d' équilibrer d'une part les intérêts des autochtones et, d'autre part, ceux du développement industriel. Une telle politique permettrait, éventuellement, la participation de ces peuples aux prises de décisions et à la gestion des ressources.

Les auteur(e)s

Anna Sirina est chercheur senior à l'Institut d'ethnologie et d'anthropologie à l'Académie des sciences de la Fédération de Russie (Département des Etudes Sibériennes). Elle a conduit des travaux de terrain en Sibérie et en Extrême-Orient. Elle est experte en anthropologie sociale, géographie culturelle et histoire ethnologique de la Sibérie.

Bruce Forbes est professeur chercheur au Centre Arctic de l'Université de Lapland. Bio-géographe et écologiste, il a travaillé en étroite relation avec des peuples autochtones (par exemple les Saami et les Nenets), sur des questions relatives à l'utilisation actuelle des terres et aux changements climatiques.

Clint Westman est doctorant au département d'anthropologie de l'Université Alberta à Edmonton, Alberta, Canada.

David Roddick réside depuis plusieurs années sur le territoire du Yukon. Il a travaillé pour des gouvernements autochtones locaux et des organisations régionales et de développement. Récemment il a été senior consultant pour le Conseil artic Athabaskan.

Florian Stammler a été membre fondateur du Siberia Project Group à l'Institut d'anthropologie sociale Max Planck à Hall. Il a reçu son PhD en 2004 à l'Université Martin Luther Hall-Wittenberg. Après avoir travaillé deux années comme chercheur associé à l'Institut de recherche Scott Polar de l'Université de Cambridge, il a rejoint en 2005 le Centre Arctic de l'Université de Lapland à Rovaniemi comme scientifique senior en anthropologie.

Gail Fonda est la présidente du Programme de géographie à l'Université Northen British Colombia du Canada. Ses recherches se sont focalisées sur les droits territoriaux des autochtones, la culture des éleveurs de rennes, principalement dans le nord de la fédération de Russie, ainsi que sur les facteurs de réussite des entreprises co-gérées d'élevage en Colombie Britannique.

Katherin Wessendorf est membre du secrétariat international de IWGIA et coordinatrice du Programme sur l'Arctique.

Mark Nuttall est titulaire de la Chaire d'anthropologie Henry Marshall à l'université d'Alberta. Il a été l'auteur principal du rapport du Conseil arctique sur l'évaluation de l'impact du changement climatique dans l'Arctique. Ses travaux actuels portent sur les conséquences sociales de l'exploitation pétrolière et gazière dans le nord du Canada.

Olga Povoroznyuk est chercheuse à l'Institut d'ethnologie et d'anthropologie de l'Académie des sciences russe à Moscou. Elle a fait des études de terrain durant plus de six années dans les communautés evenk du nord de la province de Chitinskaya, Sibérie orientale. Ses recherches anthropologiques portent sur les transformations post-soviétiques et la mondialisation dans la Russie du nord, sur la "traditionalisation" et la (post)-industrialisation de l'usage des terres autochtones et de l'économie, sur les droits autochtones et le militantisme.

Rasmus Ole Rasmussen a réalisé de nombreuses recherches sur les ressources renouvelables et non renouvelables de l'Arctique.
Diplôme de l'Université de Copenhague,1973 ; Ph 1976. Professeur associé, Rosskilde University 1976. Senior Advisor, Greenland Home Rule 1987-1991. Professeur invité, Université McGil, 1994-1995. Nordic Professor, University of Lapland, Finlande, 1999-2003. Actuel directeur du groupe de recherche « Environnement, Ressources naturelles et Régions », Roskilde University.

IWGIA est une organisation internationale à but non lucratif, politiquement indépendante et composée de membres adhérents.

Les membres actifs dans son fonctionnement sont des chercheurs, des militants, des étudiants et toutes les personnes intéressées par la question des peuples autochtones.

Son objectif est de soutenir les peuples autochtones du monde entier dans leur lutte pour l'autodétermination.

Ses activités se concentrent sur :

- La défense des Droits de l'Homme,
- Le recueil et la diffusion de l'information,
- La mise en œuvre de projets en coopération avec les organisations et les communautés autochtones.

En 2003, a été créée la branche française d'**IWGIA** dénommée **Groupe International de Travail pour les Peuples Autochtones (GITPA)**, association relevant de la loi 1901. Ce groupe est plus particulièrement destiné à développer des contacts avec les organisations autochtones et le public francophones.

Les informations sur le GITPA sont accessibles sur le site :

www.gitpa.org

Ou à l'adresse suivante :

gitpa.iwgiafrance@wanadoo.fr

L'HARMATTAN, ITALIA
Via Degli Artisti 15 ; 10124 Torino

L'HARMATTAN HONGRIE
Könyvesbolt ; Kossuth L. u. 14-16
1053 Budapest

L'HARMATTAN BURKINA FASO
Rue 15.167 Route du Pô Patte d'oie
12 BP 226
Ouagadougou 12
(00226) 50 37 54 36

ESPACE L'HARMATTAN KINSHASA
Faculté des Sciences Sociales,
Politiques et Administratives
BP243, KIN XI ; Université de Kinshasa

L'HARMATTAN GUINEE
Almamya Rue KA 028
En face du restaurant le cèdre
OKB agency BP 3470 Conakry
(00224) 60 20 85 08
harmattanguinee@yahoo.fr

L'HARMATTAN COTE D'IVOIRE
M. Etien N'dah Ahmon
Résidence Karl / cité des arts
Abidjan-Cocody 03 BP 1588 Abidjan 03
(00225) 05 77 87 31

L'HARMATTAN MAURITANIE
Espace El Kettab du livre francophone
N° 472 avenue Palais des Congrès
BP 316 Nouakchott
(00222) 63 25 980

L'HARMATTAN CAMEROUN
BP 11486
(00237) 458 67 00
(00237) 976 61 66
harmattancam@yahoo.fr

547772 - Novembre 2013
Achevé d'imprimer par

1livre.com
du rêve à la réalité !

Made in the USA
Monee, IL
05 November 2026

67811461R00094